ABC DU BAC

LE BAC ASSURÉ

MW01707268

Anglais

Term toutes séries

Clémence Arnette
Stéphane David
Sylvie Léger
Virginie Plessis

Nathan

Réalisation éditoriale : Roseline Messager
Édition : Claire Borrello, Pauline Bocquillon
Conception graphique intérieur : Julie Lannes
Couverture : Marc & Yvette
Schémas : Corédoc
Compositeur : Compo Méca Publishing

ISBN : 978-2-09-189355-6

Mode d'emploi

Un ouvrage synthétique pour réviser et progresser avec méthode !

Cours

L'essentiel | Méthode | Exercices | Corrigés

- Le cours est structuré en doubles-pages, pour faciliter les révisions. La page de gauche présente un **cours précis et concis.**
- La page de droite présente les **documents** associés au cours, ainsi que le **vocabulaire.**

L'essentiel

Cours | Méthode | Exercices | Corrigés

- **L'essentiel** du cours à connaître, présenté par double-pages.
- Des **tableaux synthétiques** et complémentaires pour mieux mémoriser.
- Un **Testez-vous !** en fin de cours pour vérifier rapidement ses connaissances.

Méthode

Cours | L'essentiel | Exercices | Corrigés

- En page de gauche, des **conseils** pour adopter les bons réflexes et astuces, déjouer les pièges de la traduction, éviter certains pièges sur des points particuliers du cours.
- En page de droite, un **exemple** conforme au cadre commun constitué d'un texte traduit, surligné et commenté, pour résoudre les difficultés de la langue.

Exos et sujets

Cours | L'essentiel | Méthode | Corrigés

- Des exercices de **vérification** des connaissances (QCM, Vrai ou Faux).
- Des exercices d'**entraînement** couvrant l'ensemble des cours abordés dans le chapitre.
- Des exercices **Vers le bac** pour bien se préparer à l'épreuve.

Corrigés

Cours | L'essentiel | Méthode | Exos et sujets

- Des **corrigés précis et commentés**, pour progresser plus vite.
- De nombreux **conseils** proposés en marge sous forme de bulles d'aide.

ANNEXES

- Des verbes irréguliers, les faux-amis, un index.

Sommaire

CHAPITRE 4 Faire référence aux différents moments

CHAPITRE 5 Modaux et groupe verbal

CHAPITRE 6 Les différents types de phrases

PARTIE 3 • Vocabulaire et civilisation

CHAPITRE 7 Mythes et héros

DESCRIPTION DE L'ÉPREUVE

D'après le *Bulletin officiel* n° 43, 24 novembre 2011

1 Série L

- **Coefficients :** LV1 = 4 ; LV2 = 4 ; LELE = 1.
- **Modalité des épreuves :** écrit terminal (moitié de la note) et oral terminal (moitié de la note).

1 Partie écrite de l'épreuve

- **Durée :** LV1 et LV2 : 3 heures
- **Deux sous-parties,** chacune notée sur 10 points, au demi-point près.

A. L'épreuve de compréhension écrite

- Elle prend appui sur un, deux ou trois documents (extraits d'œuvres littéraires ou d'articles de presse), qui peuvent être informatifs, descriptifs, narratifs ou argumentatifs. Certains documents peuvent comporter des éléments iconographiques.
- En LV1 et en LV2, les candidats seront évalués selon leur aptitude à :
  - identifier le sujet ou la thématique générale des différents documents ;
  - repérer dans un ou plusieurs documents les informations importantes relatives à un thème ou une problématique donnés ;
  - comprendre les événements ou informations essentiels présents dans les documents ;
  - comprendre les liens logiques, chronologiques ou thématiques entre les informations ou événements relatés ou évoqués dans les documents ;
  - comprendre les motivations et réactions des personnages, du narrateur ou de l'auteur quand elles sont clairement exprimées ;
  - comprendre les conclusions d'une argumentation.
- En LV1, on tiendra aussi compte de l'aptitude des candidats à :
  - comprendre les détails significatifs d'un document informatif ou factuel ;
  - percevoir les points de vue, les opinions, les contrastes dans les documents et/ou dans leur mise en relation.

B. L'épreuve d'expression écrite

- En LV1 et LV2, les candidats devront rédiger un ou plusieurs textes construits, prenant appui sur des événements, des faits ou des prises de position qu'ils auront identifiés dans les documents servant de support à l'épreuve de la compréhension.

- De plus, il est demandé aux candidats de LV1 de construire une argumentation personnelle à partir des mêmes documents ou d'un nouveau document « tremplin » en relation thématique avec les documents de la compréhension écrite.
- Cette épreuve vise à évaluer l'aptitude du candidat à rédiger un ou des textes cohérents et clairement articulés dans une langue correcte et directement compréhensible (niveau B1 du CECRL).
- Pour les LV1, est évaluée aussi l'aptitude à exprimer une opinion de façon nuancée et argumentée en présentant les avantages ou les inconvénients d'une proposition, les points forts et les limites d'une prise de position dans une langue correcte aussi précise que possible (niveau B2 du CECRL).

2 Partie orale de l'épreuve

- **Durée :** 20 minutes
- **Temps de préparation :** 10 minutes
- **Modalités** (LV1 et LV2) : Le candidat présente à l'examinateur la liste des notions du programme qu'il a étudiées dans l'année et les documents qui les ont illustrées. L'examinateur choisira l'une de ces notions. Après dix minutes de préparation, le candidat dispose d'abord de dix minutes maximum pour présenter cette notion. Cette prise de parole en continu servira d'amorce à une conversation conduite par l'examinateur, qui prendra appui sur l'exposé du candidat. Cette phase d'interaction aura une durée maximale de dix minutes.

2 Séries ES, S, séries technologiques

- **Coefficients**
  - **ES et S.** LVI : 3 ; LV2 : 2
  - **Séries technologiques**

	STI2D, STD2A, STL	STMG (spéc.comm et gestion des RH)	STMG (mercatique et compta et finance)	STMG (gestion des systèmes d'information)	ST2S
LV1	2	3	3	2	2
LV2	2	3	2	2	

- Une partie écrite et une partie orale, respectivement notées sur 20 points. La note globale de l'épreuve est obtenue en faisant la moyenne des deux notes.

1 Partie écrite de l'épreuve

- **Durée :** Séries ES et S LV1 : 3 heures — LV2 : 2 heures
  Série ST — LV1 et/ou LV2 : 2 heures
- **Deux sous-parties**, chacune notée sur 10 points, au demi-point près.

A. L'épreuve de compréhension écrite

• Elle prend appui sur un, deux ou trois documents. Ces documents peuvent relever de différents genres (extraits d'œuvres littéraires ou d'articles de presse) et être informatifs, descriptifs, narratifs ou argumentatifs. Certains documents peuvent comporter des éléments iconographiques. Ils renvoient aux notions du programme sans exiger de connaissances trop spécifiques.

• En LV1 et LV2, les candidats seront évalués selon leur aptitude à :
- identifier le sujet ou la thématique générale des différents documents ;
- repérer dans un ou plusieurs documents les informations importantes relatives à un thème ou une problématique donnés ;
- comprendre les événements ou informations essentiels présents dans les documents ;
- comprendre les liens logiques, chronologiques ou thématiques entre les informations ou événements relatés ou évoqués dans les documents ;
- comprendre les motivations et réactions des personnages, du narrateur ou de l'auteur quand elles sont clairement exprimées ;
- comprendre les conclusions d'une argumentation.

• En LV1, on tiendra aussi compte de l'aptitude des candidats à :
- comprendre les détails significatifs d'un document informatif ou factuel ;
- percevoir les points de vue, les opinions, les contrastes dans les documents et/ou dans leur mise en relation.

B. L'épreuve d'expression écrite

• En LV1 et LV2, les candidats devront rédiger un ou plusieurs textes construits, prenant appui sur des événements, des faits ou des prises de position qu'ils auront identifiés dans les documents servant de support à l'épreuve de la compréhension.

• De plus, il est demandé aux candidats de LV1 de construire une argumentation personnelle à partir des mêmes documents ou d'un nouveau document « tremplin » en relation thématique avec les documents de la compréhension écrite.

- Cette épreuve vise à évaluer l'aptitude du candidat à rédiger un ou des textes cohérents et clairement articulés dans une langue correcte et directement compréhensible (niveau B1 du CECRL).
- Pour les LV1, est évaluée aussi l'aptitude à exprimer une opinion de façon nuancée et argumentée en présentant les avantages ou les inconvénients d'une proposition, les points forts et les limites d'une prise de position dans une langue correcte aussi précise que possible (niveau B2 du CECRL).

2 Partie orale de l'épreuve

A. La compréhension de l'oral (LV1 et LV2)

Durée : 10 minutes (le temps d'écoute n'est pas inclus dans cette durée).

Cette évaluation a lieu dans le cadre habituel de formation de l'élève. Elle est annoncée aux élèves. Les enseignants l'organisent au cours du deuxième trimestre de l'année de terminale sur des supports, audio ou vidéo, sélectionnés en fonction des apprentissages effectués en classe.

Supports. Un ou des documents audio ou vidéo liés aux notions du programme, non étudiés précédemment en classe et d'une durée maximale d'une minute trente. Il peut s'agir d'extraits d'émissions de radio, de documentaires, de films, de journaux télévisés.

Modalités. Le titre donné à l'enregistrement est communiqué aux candidats. Le candidat a droit à trois écoutes, séparées chacune d'une minute. Il peut prendre des notes pendant chaque écoute et dispose ensuite de dix minutes pour rendre compte par écrit en français de ce qu'il a compris, sans exigence d'exhaustivité.

B. L'expression orale (LV1 et LV2)

Durée : 10 minutes

Temps de préparation : 10 minutes

Modalités. Les enseignants organisent cette évaluation au cours du dernier trimestre de terminale. Elle est annoncée aux candidats. Le candidat tire au sort une des notions du programme étudiées dans l'année. Après dix minutes de préparation, il dispose d'abord de cinq minutes pour présenter cette notion. Cette prise de parole en continu servira d'amorce à une conversation conduite par le professeur, qui prendra appui sur l'exposé du candidat. Cette phase d'interaction aura une durée maximale de cinq minutes.

PARTIE 1

L'épreuve du Bac

CHAPITRE 1 Comprendre

1 Lire et comprendre un texte

1 Avant de lire le texte

- Identifiez tout d'abord **le type de texte**, grâce à la forme. Vous pouvez avoir affaire à un extrait de roman (fiction / autobiographie), un article de journal (papier / en ligne), une lettre, un article de blog…

> Reconnaître la nature du texte oriente la lecture.

- Repérez les éléments appartenant au **paratexte :** le titre, l'auteur, la date de publication, et l'éventuelle illustration.

> L'illustration peut vous donner des indices sur le thème, l'époque, le lieu ou encore les personnages du texte.

2 Première lecture

- Lisez le texte au minimum deux fois. La **première lecture** vous permet :
  - de vous imprégner du **contexte** (personnages principaux, moment des événements, sujet du texte) ;
  - d'avoir une **vue d'ensemble ;**
  - de découvrir le ou les **thème(s)** du texte ;
  - d'identifier le **narrateur**, et de dire s'il fait partie ou non de l'histoire.
- **Faites abstraction des obstacles éventuels :** les mots ou expressions inconnus n'affecteront pas la compréhension générale du texte.

3 Seconde lecture

- **Approfondissez** votre compréhension du texte. Appuyez-vous pour cela sur les **termes et expressions connues** ainsi que sur les **mots transparents.**
- Chaque paragraphe a une **cohérence :**
  - il reflète une unité de sens et de temps ;
  - il indique comment l'action et le message progressent.
- Surlignez **les mots-clés et phrases-clés** dans chaque paragraphe afin de cibler les **informations et points de vue** essentiels.
- **Résumez** le texte en une ou deux expressions :
Jealousy, anger, happiness, relaxed / tense atmosphere, violence, death…

4 Repérer les éléments dans le texte

- Répondez aux questions *Wh-* suivantes.

	Ce qu'il faut repérer	Les éléments linguistiques du texte
Who	• Les personnages • Les liens entre eux • Le narrateur	*name, age, description, background, personality, occupation (job)* *family, friends* 1st/3rd person (singular or plural) ← 1re personne si le narrateur est un personnage de l'histoire, 3e personne s'il n'en est pas un.
Where	• Les indications de lieu	*country, region, city, town, village, street name, house, flat…*
When	• Les indications de temps Attention au temps des verbes ! Il vous indiquent le moment des événements.	*century, decade, period, specific date, time, moment of day…*
What	• Le contexte (ce qui se passe) • Le ou les thème(s)	*a description, an argumentation, a debate, a discussion, a quarrel* (une dispute), *a meeting, an inquiry* (une enquête) *family relationship, friendship, environment, abortion, school, future life, hobbies…*

Testez-vous !

Vrai ou faux ?

1. L'illustration fait partie du paratexte.
☐ vrai ☐ faux

2. L'illustration peut informer sur le contexte.
☐ vrai ☐ faux

3. Il faut essayer de comprendre les mots inconnus dès la première lecture.
☐ vrai ☐ faux

4. Pour répondre à la question *what* ?, on repérera les personnages.
☐ vrai ☐ faux

5. *Inquiry* signifie « dispute ».
☐ vrai ☐ faux

→ Réponses p. 29

2 Comprendre les mots inconnus

1 Utilisez le contexte

• **Cernez** l'atmophère, la date, les lieux, les profils des personnages, et référez-vous aux **termes** qui entourent le mot inconnu.

*Nick told me <u>Mary got married</u> two weeks before. I was so **stunned** that I <u>had to sit down</u> for a while.*

"Mary?" I asked. "But she is <u>only 18!</u>"

→ **Trois éléments du contexte** permettent de comprendre que *stunned* signifie « stupéfait/étonné » :

- le fait que le narrateur ait dû s'asseoir : *had to sit down* ;
- sa réflexion sur l'âge de la jeune femme qui vient de se marier : *only 18!* ;
- le point d'exclamation, qui indique la surprise.

> Il n'est pas nécessaire de deviner tous les mots pour comprendre le sens du texte.

> Attention : votre hypothèse de sens doit être cohérente avec l'ensemble du texte !

2 Utilisez le mot lui-même

• Cherchez la **racine** du mot qui vous est inconnu.

– L'anglais étant une langue saxonne, certains mots peuvent avoir une racine latine. Ils sont alors **transparents** avec le français.

treasure trésor, *giant* géant, *diamond* diamant

– Attention cependant aux **faux-amis** !

eventually finalement | *actually* en fait
argument dispute | *demand* exiger

Dans ce cas, c'est de nouveau le **contexte** qui vous aidera.

> Si le mot commence par une majuscule, il s'agit d'un nom propre (nom de lieu, personnage...).

• Observez la **nature** du mot. **Deux procédés** permettent d'identifier la formation d'un mot.

– **la composition :** plusieurs mots assemblés forment un seul mot.

moonlight clair de lune : *moon* lune + *light* lumière
hard-working travailleur : *hard* difficile/dur + *work(ing)* travail

– **la dérivation :** ajout de préfixe / suffixe à une base.

happy-happiness

> Il n'y a pas de règle précise quant au trait d'union pour les mots composés : *hard working / hardworking / hard-working* sont trois formes admises.

	Exemples	Traduction
	Préfixes	
contraire	*charge* → ***dis****charge* *direct* → ***in****direct* *fair* → ***un****fair*	décharger indirect injuste
erreur	*lead* → ***mis****lead*	tromper/fourvoyer
temps / espace	*view* → ***pre****view* *titles* → ***sub****titles*	avant-première sous-titres
répétition	*arrange* → ***re****arrange*	réaménager
	Suffixes	
verbes	*modern* → *modern****ize*** *strength* → *strength****en***	moderniser renforcer
adverbes	*calm* → *calm****ly***	calmement
noms celui/celle qui…	*play* → *play****er*** *violon* → *violon****ist***	joueur violoniste
condition	*invent* → *invent****or*** *child* → *child****hood***	inventeur enfance
profession/activité	*paint* → *paint****ing*** *learn* → *learn****ing***	peinture apprentissage
caractéristique	*sad* → *sad****ness***	tristesse
adjectifs pouvant être…	*read* → *read****able***	lisible
participe passé / présent	*write* → *writ****able*** *interest* a *interest****ed / ing***	inscriptible intéressé / intéressant
plein de…	*joy* → *joy****ful***	plein de joie
sans…	*use* → *use****less*** *pity* → *piti****less***	inutile impitoyable

Attention aux modifications orthographiques : *happy – happiness* *pity – pitiless*

Testez-vous !

Reliez les termes à leur traduction.

1. argument
2. eventually
3. interesting
4. interested
5. pitiless

a. intéressé
b. impitoyable
c. intéressant
d. dispute
e. finalement

→ Réponses p. 29

3 Comprendre un message oral

1 Première écoute : le contexte

- Identifiez **la nature du document.**
  – **audio** : *a part of speech, a radio newsflash* (un flash information), *an extract from a novel, a dialogue / monologue, a debate.*
  – **vidéo** : *a TV commercial* (une publicité télévisée), *a report* (un reportage), *an interview, an extract from a film, a TV show* (une émission télévisée).
- Repérez **le sens général** du document. Répondez aux **questions** suivantes :

	Exemples
Qui Le nombre de personnes	Deux femmes participent à l'interview. Un homme est interviewé.
L'identité des locuteurs / leurs liens	le porte-parole de… l'intervieweur / l'interviewé
Où Le(s) lieu(x)	La scène se déroule sur un plateau télé / dans un studio de radio.
Quand Le moment	Le document a été enregistré : – le matin / à midi / à 11 heures
Quoi De quoi il est question	Le document traite de… nous informe sur… fait état de…

2 Deuxième et troisième écoutes

- Comme à l'écrit, pour **comprendre le message oral**, il faut s'appuyer sur les éléments connus pour **compenser ce qui est inconnu.**
- La première écoute vous aura permis de faire des hypothèses sur ce qui se dit ; la deuxième et la troisième écoute vous permettront de **construire du sens** et **d'affiner** le message transmis par les locuteurs.

- Si vous avez par exemple entendu les mots suivants : *parents – conflicts – studies – teenagers*, vous aurez compris qu'il s'agit d'un problème de société qui touche les jeunes et leurs parents.
- Soyez également attentifs aux **indices** ci-dessous.

Comptez sur les mots transparents !

Ciblez...	Repères et signification
...les mots mis en relief	• Certains mots peuvent être prononcés avec **emphase :** – soit parce qu'ils sont **porteurs de sens** aux yeux du locuteur ; – soit parce qu'ils **révèlent l'état d'esprit** du locuteur : surprise, colère, dégoût...
...les indices sonores	• Certains **bruits de fond** vous donnent des indices sur le lieu d'enregistrement du document : cris / applaudissements / musique...
...l'intonation	• En général : – **intonation descendante** = certitude ; – **intonation montante** = doute.
...la gestuelle	• Si le document est une vidéo, vous avez un **support visuel** qui vous aide à comprendre le message. • **Le langage du corps** accompagne les paroles du locuteur : – le **positionnement des mains, de la tête, du buste**... ; – les **expressions du visage.**

L'anglais est une langue **accentuée** : une syllabe prend l'accent et les autres s'entendent moins.

Testez-vous !

Vrai ou faux ?

1. Dès la première écoute, il faut comprendre qui dit quoi.

☐ vrai ☐ faux

2. Souvent, une intonation montante indique qu'il y a une incertitude.

☐ vrai ☐ faux

3. L'anglais est une langue syllabique.

☐ vrai ☐ faux

4. Il est conseillé de traduire ce qui est dit pour mieux comprendre le message.

☐ vrai ☐ faux

→ Réponses p. 29

RÉVISION EXPRESS

COMPRENDRE UN MESSAGE ÉCRIT

Étapes	Ce qu'il faut repérer
Avant de lire	– le **type de texte** *(letter / novel extract / press article)* – les éléments du **paratexte** (auteur / date / illustration)
Première lecture Vue d'ensemble Le contexte	– le(s) **thème**(s) du document – l'identité du **narrateur** : prend-il part aux événements ?
Deuxième lecture Approfondir la compréhension	– les **mots connus :** aidez-vous de ce que vous connaissez – **les mots et expressions clés** de chaque paragraphe **Résumez** en quelques mots la situation *(conflict, friendship...)* Répondez aux **questions *Wh*-**.
Who ***Where*** ***When*** ***What***	Les **personnages** et les liens entre eux : *name, age, description, personality, occupation (job) family, friends...* Les indications de **lieu :** *country, region, city, town, village, street name...* Les indications de **temps :** *century, decade, period, time, moment of day...* Ce qui **se passe :** *a description, an argumentation, a debate, a quarrel, a meeting, an inquiry...* **Le(s) thème(s) :** *family relationship, friendship, environment, abortion, school, future life, hobbies...*

COMPRENDRE UN MESSAGE ORAL

- Identifiez le type de document : audio ou vidéo.
  a dialogue / monologue, an extract from a novel, a debate, a TV show, a report...
- **La première écoute** vous permet de :
  – cibler le **contexte,**
  – découvrir **qui parle,**
  – prendre connaissance de(s) **thème(s).**
- Lors de la **deuxième écoute**, approfondissez la compréhension ; répondez aux questions suivantes :

Questions	Ce qu'il faut repérer
Qui	**Les personnes** qui parlent : nombre et lien entre elles
Où	**L'endroit** où se déroule la scène
Quand	**Le moment** d'enregistrement
Quoi	**Le sujet** de la conversation

- Le document audio comporte des **indices** qui vous aideront pour la compréhension. Repérez :
  – **les mots mis en relief :** certains mots sont prononcés avec emphase ;
  – **les indices sonores :** les bruits de fond aident à identifier le lieu de l'enregistrement ;
  – **l'intonation :** une intonation descendante indique souvent une certitude, tandis qu'une intonation montante indique une hésitation.
- Si vous devez restituer le contenu d'une vidéo, **la gestuelle** accompagne et explicite les paroles du locuteur.

DÉDUIRE LE SENS D'UN MOT INCONNU

Stratégies possibles	Ce qu'il faut repérer
Utilisez le contexte	• **L'atmosphère, les dates, les lieux, le profil des personnages.** • Les mots et expressions **autour du mot inconnu.** *Josh was **snoring** so loudly, I had to sleep on the sofa!* → *had to sleep* et *sofa* indiquent que le personnage a eu une gêne pour dormir, *snore* signifie donc « ronfler ».
Utilisez le mot lui-même	• S'il s'agit d'un mot transparent, observez la **racine** du mot. *treasure* trésor • Regardez la formation du mot : **– les suffixes et préfixes (dérivation) ;** *use**less*** inutile *__sub__titles* sous-titres **– la composition du mot.** *dishwasher = dish + wash* lave vaisselle *horserace = horse + race* course de chevaux Attention aux faux amis ! *Eventually* finalement

Testez-vous !

Vrai ou faux ?

1. Il faut se fier au contexte pour déduire le sens d'un mot.
☐ vrai ☐ faux

2. La première écoute permet de cibler le contexte.
☐ vrai ☐ faux

3. L'illustration éventuelle fait partie du paratexte.
☐ vrai ☐ faux

4. *Eventually* est un mot composé.
☐ vrai ☐ faux

5. *Useless* est un faux ami.
☐ vrai ☐ faux

→ Réponses p. 29

Comment répondre aux questions de compréhension ?

LES RÉFLEXES À AVOIR

- Bien lire la question posée.
  - Attention au **nombre d'informations** à donner.
    Describe and analyse the protagonist's attitude towards Sarah. (40-50 words)
    → Ne vous contentez pas de décrire, il faut aussi que vous analysiez !
  - Attention à la **formulation de la réponse.**
    In your own words... Avec vos propres mots...
    Quote the text... Citez le texte...
- Le **temps de la question** correspond au **temps de la réponse.**
- Si l'on vous demande de **citer le texte** :
  - ouvrez **les guillemets,**
  - n'oubliez pas de **préciser les lignes**.
- Veillez à **gérer votre temps** : équilibrez le temps de réponse aux questions et le temps de l'expression écrite.

LES PIÈGES À ÉVITER

- Lorsque vous devez **citer le texte :**
  - choisissez les **éléments les plus pertinents**, parfois simplement le mot ou l'expression ;
  - s'il s'agit d'une **phrase entière,** recopiez-la **dans sa totalité** en évitant les points de suspension.
    Quote the text to show that Salim will probably enjoy the movie suggested by his friend.
    "You have to see that film mate, you're gonna love it!"
    → Ici, c'est la seconde proposition de la phrase qui importe.

LES ASTUCES DU PROF

- Avant de répondre, lisez toutes les questions pour comprendre la démarche de réflexion.
- Surlignez les verbes de chaque consigne afin de savoir combien d'informations donner.
  Describe and analyse the protagonist's attitude towards Sarah. (40-50 words)

EXEMPLE

Repérages dans le texte

The scene takes place in Charleston, South Carolina.

The gallery door to the street opened.

'Dear,' Sarah Cutworth said.

'Grandmama!'

'Your mother said you were working here. . .' Sarah paused and looked round. She wore a powder-blue linen two-piece and pearls.

[...]

'I just waxed the floor.'

Sarah looked down.

'You did?'

Gillon nodded. 'Cleaned every picture.' She backed herself up against the table, shielding the sculptures.

'I call this,' Sarah said, 'a lovely place to work. You get to meet people here.'

'Mostly people who don't quite buy a picture. And tourists.' [...]

'Tourists. They are ruining this city.'

Gillon pointed.

'Do you like that landscape, Grandmama?' [. . .]

'No, dear.'

Joanna Trollope, *Girl from the South*, Bloomsbury Publishing PLC, 2002.

Identifiez :	Les indices du texte
• les personnages Two women are talking: *Gillon and Sarah Cutworth*.	Line 4 "*Sarah Cutworth said.*" Line 13 "*Gillon nodded.*"
• leurs liens Sarah is Gillon's grandmother.	Line 5 "*Grandmama!*"
• leur condition sociale Sarah seems to be wealthy.	Line 7-8 "*[Sarah] wore a powder-blue linen two-piece and pearls.*"
• les lieux The characters meet in Gillon's art gallery in the USA.	Line 1-2 "*The scene takes place in Charleston, South Carolina.*" Line 3 "*The gallery door…*"
• le thème de l'extrait Their conversation is about art and Gillon's business.	Line 13-15 "*picture*", "*sculptures*" Line 18 "*people who don't quite buy a picture.*" Line 22 "*landscape*"
• la prise de position Gillon seems to be passionate. Sarah is sarcastic.	Line 10 "*I just waxed the floor.*" Line 13 "*cleaned every picture.*"

Organiser sa prise de notes en compréhension orale

LES RÉFLEXES À AVOIR

- Organisez votre **fiche de prise de notes** dans les 10 minutes imparties :
  - prévoyez **un bandeau** en tête de page pour **les éléments du contexte ;**
  - laissez **des espaces** lorsqu'il vous manque des informations.
- **Lors de la première écoute :**
  - concentrez-vous sur le **nombre de personnes** qui parlent ;
  - cernez leur **identité** et les **liens** qu'ils entretiennent s'ils sont plusieurs ;
  - devinez où se trouvent les personnes à l'aide des **bruits de fond**, s'il y en a.
- Lors de **la deuxième et la troisième écoute :**
  - affiner votre compréhension du document ;
  - repérez tous les mots transparents, ceux que vous reconnaissez, et notez-les ;
  - remplissez votre fiche au fur et à mesure.
- Lorsque vous réorganisez vos notes pour les restituer, **séparez les idées dans votre tableau.**

LES PIÈGES À ÉVITER

- **N'essayez pas de tout comprendre** lors de la première écoute : vous aurez le temps, lors des deux écoutes suivantes, d'écrire ce que vous aurez entendu.
- **N'essayez pas de traduire**, vous perdrez du temps et vous perdrez également le fil de ce qui se dit.
- **Prenez vos notes en anglais** au fur et à mesure des écoutes.

LES ASTUCES DU PROF

- Utilisez des **abréviations,** comme :
  ♂ *man* ♀ *woman*
  ↑ *increase* ↓ *decrease*
  Bec : because, bw : between, w : with
- Pour vous entraîner, **écoutez** régulièrement des radios anglophones ou américaines sur Internet, telles que la BBC (www.bbc.co.uk) ou la National Public Radio (www.npr.org).
- **Regardez** des films et des séries **en version originale.**

EXEMPLE

Prendre des notes lors d'une compréhension orale

Écoutez le document audio du site Internet www.abcbac.com

Titre du document : *Reality TV* (audio)

♀	*1*	*names:*	*Ø*	*link:*	*Ø*
♂	*Ø*	*names:*	*Ø*	*link:*	*Ø*

Bandeau avec élément du contexte

Identité des personnages et liens entre eux

Part 1: Introduction
reality TV shows

competition components
Survivor winner has 1 million $ contract
American Idol: produce album

Début de l'interview : identification du thème

Part 2: The Bachelor

one of my favourite shows: the Bachelor
successful man looking for love
starts with 30♀
kicks♀ off and 1 left in the end: wife
proposes marriage to the last

Part 3: Following the lives of people

some shows
follow the lives of people for a certain period of time
video create story line
non competition component shows: popular reality shows
karadashians – the Osbournes – the real world

Part 4: Fake shows

line bw tv and reality
ex popular show on MTV
not real at all: The Hills
characters are told what to say and how to act

Notes prises lors de :
– l'écoute n°1
– l'écoute n°2
– l'écoute n°3

Vérification des connaissances

1 Complétez les phrases suivantes en utilisant les mots de la liste.

latine – la base – contexte – gestuelle – texte – le préfixe – la dérivation – la composition

1. L'anglais est une langue …, comme le français.

2. On peut utiliser deux procédés pour définir le sens d'un mot : … et …

3. Dans *discharge*, ***dis*** est …

4. Dans *calmly*, ***calm*** est …

5. L'hypothèse de sens doit être cohérent avec l'ensemble du…

6. Lors de la première écoute, il faut cibler les éléments du …

7. Dans un document vidéo, la … aide à la compréhension du message.

Exercices d'entraînement

2 Servez-vous du contexte pour définir le sens des mots soulignés.

She had been a <u>lawyer</u> for almost 25 years. She made her job with the same <u>eagerness</u> as she had years earlier. Yes, everyone noticed her enthusiasm in defending people in court.

3 Donnez la nature et la formation des mots soulignés, puis déduisez leur sens.

1. He was a <u>non-smoker</u>, he thought it was <u>unfair</u> to let them enter the pub smoking.

2. In his <u>childhood</u>, he lived in the countryside.

4 Associez les mots suivants à leur traduction.

1. occupation	**a.** avant-première
2. inquiry	**b.** enquête
3. preview	**c.** intéressé
4. interested	**d.** joyeux
5. joyful	**e.** travail
6. report	**f.** enregistré
7. recorded	**g.** reportage

Sujet de BAC

L'idée de progrès – D'après Inde, avril 2011

Doc. Space Mum

When Catherine Coleman, known as Cady, goes to work, waving goodbye to her son Jamey, 10, she doesn't drive or take a train – she blasts off in a spaceship. Many more women now work in space, but Cady's next Nasa mission is a big one. In December, she leaves Earth on a Soyuz rocket for the International Space Station, where she will live and work for six months. This will be the longest mission undertaken by a Nasa astronaut who is the mother of a young child.

The Cady Coleman who greets me at the door of her 200-year-old farmhouse deep in the woods of New England is smaller than I had expected. This is a woman who walked into an American Air Force centrifuge programme as a volunteer and walked out with a world record for endurance. She once spent six weeks camping in Antarctica, learning that "my mother was correct when she told me to dress in layers." She has also lived 18m underwater in a giant tank, as part of Nasa's extreme environment training, an experience she took in her stride as the daughter of a navy diver. And she has clocked up 500 hours in space on two previous short-duration shuttle missions, in 1995 and 1999.

Cady is 49, 5ft 4in[1], slim and narrow-waisted. She confesses to having had trouble getting space suits small enough. There is excitement in her voice when she talks about the possibility of a space walk during the coming mission – but the reality is that committing to a mission at all has required soul-searching. She needed the full support of her husband, Josh Simpson, and she needed Jamey to understand, too. "We talked a lot about whether I would even sign up to go – but it is part of who I am – and it's part of who Jamey's mother is and Josh's wife is. If I'm not doing those things, I'm not sure I'm being as much of a mum as I could be. It is part of me."

How does an astronaut with a child come to terms with the risks inherent in space travel? Cady answers by putting those risks into a broader context. Soldiers are deployed all the time to places "not nearly as nice to be as the International Space Station," she says.

However, she and her husband do their best to shield Jamey from the starker[2] realities of his mother's profession. They recall sitting down as a family to watch a television series about space flight and then, when the topic turned to the Columbia disaster in 2003, deciding calmly that it was Jamey's bedtime. It's harder to protect him from the tactlessness of the public. "People come up to me all the time, with Jamey there, and say: 'Aren't you afraid that rocket's going to blow up?'" says Josh. "I'm always taken aback[3]."

These days, more thought is put into pre-mission preparation, especially when children are involved. "Everyone in the family has to be committed," says Al Holland, a Nasa psychologist. "It's not just one person on one mission."

Kate McCann, *The Guardian*, Saturday 7 August, 2010

1. *5ft 4in:* 1m62
2. *Starker:* more unpleasant
3. *Taken aback:* surprised

COMPRÉHENSION DE L'ÉCRIT

1 Write the correct answer. The narrator is:

a. an astronaut;

b. a journalist;

c. a psychologist.

2 Write the name of each of the following people:

a. the astronaut;

b. the child;

c. the astronaut's husband.

3 Find information about the astronaut and write it down:

a. age;

b. physical appearance (two adjectives);

c. number of space missions before 2010.

4 Find a sentence in the text showing that the narrator was surprised when she met Cady. Write down the sentence. Give the line number.

5 What is the narrator's opinion about Cady? Write the correct answer:

a. The narrator finds Cady ridiculous.

b. The narrator feels admiration.

c. The narrator thinks Cady is mad.

6 Match each paragraph with the appropriate title:

Paragraphs	Titles
1. line 1 to line 7 **2.** line 8 to line 17 **3.** line 18 to line 27 **4.** line 28 to line 31 **5.** line 32 to line 38 **6.** line 39 to line 42	**a.** Protecting Jamey **b.** Accepting the dangers of the job **c.** Cady's unusual job **d.** A specialist's opinion on family commitment **e.** Making a conscious decision **f.** Intense physical preparation

7 Say whether these statements are true or false. Justify your answers by quoting from the text. Give the line numbers.

a. Female astronauts are less numerous today than in the past.

b. Cady lives in a city.

c. Cady discussed the new mission with her family.

d. Cady thinks there are more dangerous jobs than being an astronaut.

e. It is difficult to preserve Jamie from the public.

f. Preparing for a mission only concerns the astronaut.

8 Choose the three adjectives which best correspond to Cady.
Write them down. *unhealthy – enthusiastic – pessimistic – courageous – motivated – lazy*

9 Write down the correct answer.
"If I'm not doing those things, I'm not sure I'm being as much of a mum as I could be" (l. 25-27) means that:

a. She wants to change her job in order to be a good mother.

b. Because of her job, she will never be a good mother.

c. She is a good mother because she enjoys her job.

La question 10 ne sera traitée que par les candidats de LV1

10 Match the following words from the text with their definitions.

a. soul-searching (l. 22)	**1.** concerned
b. come to terms with (l. 28)	**2.** the analysis of your thoughts and feelings
c. shield (l. 32)	**3.** accept
d. involved (l. 40)	**4.** protect

EXPRESSION ÉCRITE

1 Jamey writes about his impressions and feelings concerning his mother's job for his school's newspaper. Write the article.

2 Write about a job that you find exceptional.

Testez-vous !

p. 13

1. vrai ; **2. vrai** ; **3. faux** → À la première lecture / écoute, ne cherchez pas à tout prix à comprendre tous les mots, ciblez les réponses aux questions *Wh-*. **4. faux** → On repérera le contexte et le(s) thème(s). **5. faux** → *Inquiry* signifie « une enquête ».

p. 15

1. d ; **2. e** ; **3. c** ; **4. a** ; **5. b**

p. 17

1. faux → La première écoute vous permet d'identifier le document et son sens général. **2. vrai** **3. faux** → C'est une langue accentuelle. **4. faux** → N'essayez pas de traduire systématiquement ce que vous lisez ou entendez, servez-vous du contexte pour deviner le sens des mots !

p. 19

1. vrai ; **2. vrai** ; **3. vrai** ; **4. faux** ; **5. faux**

Vérification des connaissances

1

1. latine ;
2. la dérivation et la composition ;
3. le préfixe ;
4. la base ;
5. texte ;
6. contexte ;
7. gestuelle

Exercices d'entraînement

2 **lawyer** = avocat
→ Vers la fin du texte, on apprend qu'elle défend les personnes dans un tribunal.
eagerness = enthousiasme
→ On retrouve synonyme dans la phrase qui suit : *enthusiasm*.

Rappel
Servez-vous des synonymes et des mots transparents ; observez bien la nature des mots.

3

non-smoker nature = nom = mot composé : *non* + *smoker*
formation → verbe *smoke* + suffixe *–er*
= non fumeur

unfair nature = adjectif
formation → adjectif *fair* + préfixe *un*
= injuste

childhood nature = nom
formation → nom *child* + suffixe *hood*
= enfance

Remarque
Le contexte permet aussi de déduire le sens des mots : *un-* et *non-* sont des privatifs et impliquent un désaccord.

4 **1. e** ; **2. b** ; **3. a** ; **4. c** ; **5. d** ; **6. g** ; **7. f**

Sujet de BAC

COMPRÉHENSION DE L'ÉCRIT

1 **b.** The narrator is a journalist.

2 **a.** The astronaut is Catherine Coleman, also known as Cady.
b. The child is Jamey.
c. The astronaut's husband is Josh Simpson.

3 **a.** Cady is 49 years old.
b. She is small and slim / narrow-waisted.
c. She went on 2 space missions, in 1995 and 1999.

4 "The Cady Coleman who greets me at the door of her 200-year-old farmhouse deep in the woods of New England is smaller than I had expected" (l. 8-9).

5 **c.** The narrator feels admiration.

6 **1. c.** Cady's unusual job.
2. f. Intense physical preparation.
3. e. Making a conscious decision.
4. b. Accepting the dangers of the job.
5. a. Protecting Jamey.
6. d. A specialist's opinion on family commitment.

7 **a. False:** "Many more women now work in space" (l. 3).
b. False: "her 200-year-old farmhouse deep in the woods of New England" (l. 8-9).
c. True: "We talked a lot about whether I would even sign up" (l. 23-24).

L'astuce du prof
Les affirmations, et donc les justifications à trouver, suivent l'ordre du texte!

d. True: "Soldiers are deployed all the time to places "not nearly as nice as the International Space Station," she says" (l. 30-31).
e. True: "It's harder to protect him from the tactlessness of the public" (l. 36-37).
f. False: "Everyone in the family has to be committed" (l. 40-41) or "It's not just one person on one mission" (l. 41-42).

8 Cady can be said to be *enthusiastic, courageous* and *motivated.*

9 **c.** This sentence means that she is a good mother because she enjoys her job.

10 **a. 2.** "soul-searching" (l. 22) is the analysis of your thoughts and feelings.
b. 3. "come to terms with" (l. 28) means "accept".
c. 4. "shield" (l. 32) means "protect".
d. 1. "involved" (l. 40) is synonymous with "concerned".

EXPRESSION ÉCRITE

Les mots et expressions en caractères gras sont particulièrement utiles pour ce type de sujets.

1 **The person I admire the most**
The person I admire the most is an **outstanding** woman named Catherine Coleman. She is 49 years old, small and slim. Her friends call her Cady, but *I* can call her… Mom! As some of you may already know, my mother is an astronaut… That's right, she rides **space rockets!** And she can pilot **a spaceship!** She told me all about **weightlessness:** it's a little like flying, it's unbelievable! She has shown me amazing pictures of the Earth from space… but she hasn't met any **aliens** yet! I am well aware that her job is **risky,** and I know that I won't see much of her over the next six months because she'll be **revolving around the Earth** in the International Space Station, but I'm her Number One Fan! I'm so **proud** of her! She's the greatest Mom **in the whole universe!**
Jamey Coleman Simpson

2 A job which I believe is **truly exceptional** is that of a midwife. A midwife is a kind of nurse who supervises women during their pregnancy and assists them in childbirth. I imagine that it must be **quite thrilling** to witness a human being's first moments: his very first breath, his first cry, his first eye contact with his parents, his first cuddle with his mother… **I guess** it must also be a difficult job which requires much patience, kindness, **stamina** and self-control, and **I am aware that** it must be quite hard sometimes when things don't go as planned, but I think this job is magic! I would have loved to become a midwife myself, but I'm afraid I'm far too sensitive… I would be so overwhelmed with emotions that I could faint!

CHAPITRE 2 S'exprimer

1 Écrire une lettre

1 Le contenu de la lettre

● **Adaptez votre niveau de langue** et employez les formules adéquates grâce aux indications qui figureront dans le sujet de l'épreuve :

– **le contexte** de rédaction de la lettre : la période, les lieux et les événements ;

– **les relations** entre l'expéditeur et le destinataire de la lettre. Vous ne vous exprimerez pas de la même manière si vous vous adressez à un ami ou à un supérieur hiérarchique. Vous saurez ainsi si votre lettre doit être formelle ou informelle.

● Dans le cadre d'une **lettre formelle :**

– **formule de salutation ;**

Dear Sir / Madam. Si vous connaissez le nom du destinataire, vous pouvez le préciser : *Dear Mrs Jones.*

– **introduction ;**

I wish to draw your attention to... Je souhaite attirer votre attention sur... *In reply to...* En réponse à...

– **conclusion ;**

I thank you in advance / I look forward to hearing from you soon. En attendant votre réponse...

– **formule de fin.**

Yours faithfully / Yours sincerely / Yours truly. Cordialement.

● Dans le cadre d'une **lettre informelle** :

– **formule de salutation ;**

My dear (Laura) / Dear (Mom).

– **introduction ;**

Sorry, I haven't written for so long / It's been such a long time since I haven't given some news. Cela fait un moment que je n'ai pas donné de nouvelles. */ Thank you for your letter / I hope you are ok.*

– **conclusion ;**

That's all for now / I can't wait to hear from you. Je suis impatient(e) de recevoir de tes nouvelles.

– **formule de fin.**

With all my love / Love / Bye / See you soon / Take care.

Vous pouvez faire suivre votre signature par des croix, qui symbolisent des baisers.

2 La forme de la lettre

- Exemple de **lettre informelle**

37, Church Street
CF48 Sheffield ← Vos coordonnées

3rd June 2012 ← La date

Notez que rd est l'abréviation de *third* ; de même, st l'abréviation de *first* et nd de *second*.

Adresse de votre correspondant →
Mrs L. Jones
23, Wellington Road
AT59 London

Formule de salutation → Dear Laura,

Corps du texte →

Sorry, I haven't written for so long, I've been really busy with my new project.

I'm about to live in the USA and find a new job…

N'hésitez pas à faire plusieurs paragraphes.

My life in Tokyo has become very difficult. I'm running out of money: the firm I'm working in is about to go bankrupt.

I need to apply for a new job but I really don't want to stay in Japan. I don't really like the way of life here, and I don't have many friends anyway. So I decided to try my luck in New York. Tobby knows the director of an international firm. He told me I could have an appointment.

What about you Laura? What's new in London? How is your little boy? He must have grown up!

Conclusion → I can't wait to hear from you!

Take care, ← Formule de fin

Sophie xxx ← Votre signature

2 Écrire un dialogue

1 Avant d'écrire

- Si l'écriture d'un dialogue fait appel à votre imagination, gardez bien à l'esprit qu'il est en lien direct avec le texte étudié lors de la compréhension.
- Veillez avant tout à **identifier les personnages :**
  - leur profil psychologique ;
  - leur registre de langue ;
  - les liens qu'ils entretiennent.

2 Une mise en forme à respecter

- Respectez les **caractéristiques** du dialogue anglais :
  - on n'utilise jamais de tiret ;
  - seuls les **propos des locuteurs** sont entre guillemets : "..." ;
  - les guillemets utilisés sont des guillemets anglais ("..."), différents des guillemets français (« ... ») ;
  - il faut aller à la ligne lorsqu'il y a un changement de locuteur.

3 La rédaction du dialogue

- Il est essentiel d'**introduire votre dialogue**. En une ou deux phrases, informez le lecteur sur **les personnages et les circonstances de leur conversation**. Il peut s'agir :
  - d'une rencontre en face à face ;
    "Hi Clara, it's good to see you again!"
  - d'une conversation téléphonique.
    "Hi, it's Clara speaking, how are you Suzie?".

> Soignez la fin de votre dialogue par une formule finale comme *"I have to go now, see you soon!" She hung up.*

- Le lecteur doit avoir l'impression de « **lire une langue orale** ». Pensez à utiliser les procédés ci-dessous, qui s'emploient uniquement à l'oral, tout en fournissant un maximum d'informations sur les locuteurs.

Procédés	Exemples	Traduction
Questions TAGs	*"She didn't tell him the truth, did she?"*	« Elle ne lui a pas dit la vérité, n'est-ce pas ? »
Réponses courtes	*"No, she didn't."*	« Non. »
Formes contractées	*"I don't think it's a good idea."*	« Je ne pense pas que ce soit une bonne idée. »
Gap fillers	*"Hum...well, I thought it would be nice to see them..."*	« Euh... bien, je pensais qu'il aurait été agréable de les voir... »

- Pensez à **varier les verbes et les adverbes** indiquant le **ton** du discours.

Verbes de parole	Traduction
admit	admettre
declare/say/announce	dire
add	ajouter
ask/enquire	demander
reply/answer	répondre
deny	nier
interrupt	interrompre
Verbes précisant l'attitude du locuteur	
yell	crier
moan/whine	se plaindre
sigh	soupirer
frown	froncer les sourcils
nod	acquiescer
stare at/gaze at	fixer du regard
Adverbes	
firmly	fermement
angrily/furiously	avec colère
scornfully	avec mépris
proudly	fièrement

En anglais, il n'y a pas d'inversion du sujet et du verbe : *"I have won the game!" **he declared proudly.***

Testez-vous !

Cochez la bonne réponse.

1. *Moan* signifie :
a se plaindre b froncer les sourcils
c acquiescer

2. *Scornfully* signifie :
a fièrement b avec mépris
c en colère

3. En anglais, on met entre guillemets seulement les :
a gestes b paroles
c informations

4. Lorsqu'il y a un changement de locuteur, il faut aller à la ligne sans mettre de :
a guillemets b tiret c didascalie

5. *I don't think it's a good idea* : dans cette phrase, *don't* est :
a une forme contractée
b une réponse courte
c un *gap filler*

→ Réponses p. 56

3 Écrire un *essay* (texte argumenté) LV1

1 Lisez et analysez le sujet

Lors de l'épreuve du Baccalauréat, les sujets d'expression écrite de LV1 comportent un *essay*. Suivez les étapes suivantes afin d'organiser au mieux vos idées.

- **Lisez plusieurs fois le sujet** et réécrivez-le au brouillon pour bien vous en imprégner.
- Identifiez le **type d'écrit** demandé. Est-ce :
  - une expérience personnelle ? ;
  Is there a film that particularly impressed you? Relate and say why.
  - une réflexion générale ? ;
  Should parents interfere in their children's choices? Discuss.
  - un débat ?
  "The past belongs to the past". Do you agree with this statement or not?
- Définissez la **portée du sujet** : s'adresse-t-il directement à vous ? a-t-il une portée plus générale ?
- Ciblez les **mots-clés** et **notez toutes les idées** que le sujet vous évoque sur votre brouillon sans chercher immédiatement à faire un plan.

2 Organisez vos idées

- Regroupez vos idées par thèmes. Le plus souvent, deux types de catégories ressortent de votre réflexion :
  - pour et contre (*pros and cons*) ;
  - avantages et inconvénients (*advantages and drawbacks*).

> Terminez votre argumentation par la partie que vous souhaitez défendre.

- Si le sujet proposé n'implique pas d'avis tranché, établissez un plan thématique qui regroupera les thèmes principaux.

3 Rédigez

> Employez le pronom personnel « *I* », « *we* » est peu utilisé en anglais dans ce type d'exercice.

- **L'introduction** doit faire apparaître une démarche de réflexion explicite. Définissez le sujet et annoncez le plan.
- **La conclusion** doit énoncer clairement vos **opinions** sur le sujet et votre **positionnement**. À la fin, il est conseillé de **proposer une ouverture** ; vous montrerez ainsi que le débat n'est pas clos.

> Rédigez l'introduction et la conclusion en entier au brouillon après avoir détaillé le plan.

- **Construisez des paragraphes.**
- **Respectez le nombre de mots** imparti, soignez votre écriture et relisez-vous !

4 Schéma de rédaction

	Vous devez :	Stratégies possibles
Introduction	• attirer l'attention du lecteur • montrer que vous avez compris le sujet • problématiser • annoncer clairement le plan	→ commencez par une anecdote, une citation. → entrez dans le vif du sujet grâce à une phrase percutante. → sous forme de question. → utilisez des connecteurs et des expressions type : *I will answer this question along two lines: first… then…*
Développement	• développer les arguments annoncés dans le plan • être cohérent et logique	→ construisez des parties égales. → faîtes des paragraphes, montrez vos connaissances personnelles. → rédigez des phrases de transition pour articuler vos idées.
Conclusion	• reprendre les éléments du plan / prendre position • proposer une ouverture	→ utilisez des connecteurs : – *Although… I think that…* – *Indeed…*

Testez-vous !

Vrai ou faux ?

1. Mieux vaut terminer l'argumentation par ce que l'on veut défendre.
☐ vrai ☐ faux

2. On emploie le pronom personnel *I* et non *we* dans une argumentation.
☐ vrai ☐ faux

3. Il n'est pas nécessaire de rédiger l'introduction au brouillon.
☐ vrai ☐ faux

4. Il n'est pas nécessaire de montrer ses connaissances personnelles.
☐ vrai ☐ faux

5. Il est conseillé de proposer une ouverture en fin de conclusion.
☐ vrai ☐ faux

→ Réponses p. 56

4 Rédiger un article de journal – Séries technologiques

1 Avant la rédaction

Les séries technologiques sont particulièrement concernées par ce style d'expression écrite.

- **Lisez le sujet.**
  – **Analysez** bien le sujet avant de vous lancer dans la rédaction.
  – **Ciblez** les mots clés, réécrivez-les au brouillon.
  – Notez toutes les idées que vous évoquent les mots clés.
- **Organisez vos idées.**
  – Il existe plusieurs façons d'organiser le développement d'un article de presse : la plus fréquente est **la pyramide inversée**.
  – L'objectif premier est d'informer le lecteur dans « l'urgence ». Commencez donc votre article par **l'information importante**. Ensuite, **les faits, détails** et, éventuellement, **les témoignages**, viendront préciser cette information.

Construction de la pyramide inversée :
– Information essentielle.
– Faits et détails.
– Témoignages éventuels.

Si vous connaissez des dates sur le sujet, elles renforceront votre crédibilité !

2 La rédaction

- **L'introduction et le titre.**
  – Rédigez l'introduction au brouillon après avoir organisé vos idées. Gardez à l'esprit qu'elle doit « **accrocher** » **le lecteur**. Il en est de même pour le **titre** de l'article.
  – Répondez aux 6 questions *Wh-* :
  → ***Who? Where? When? What? Why? How?***
- **La conclusion.**

Elle peut **élargir le thème** ou **relancer le débat** ; vous pouvez par exemple poser une question qui viendra réorienter le débat.

3 La pyramide inversée

- Voici un exemple d'article de journal rédigé sous la forme d'une pyramide inversée.

The love test that could help couples avoid pain of divorce

Dating couples should share any secret addictions, and even make decisions about housework if they want their relationship to survive, according to a leading law firm.

All are questions in a test that lists the essentials every couple should investigate before getting married or living together.

Others in the Bross Bennett test include how much money each partner has, how intrusive their inlaws are, how many children they want and whether they prefer state or private education.

Couples were urged to try the compatibility quiz after separate research revealed January is Britain's busiest divorce month.

Ruth Bross, a partner at the firm, said: "No employer would offer someone a job without considering their suitability for a position and neither should a couple embark on lifelong commitment without doing their research. There is little point in building a future with someone if they are not prepared to be truthful."

Miranda Bryant, *London Evening Standart*, Friday, January 7th, 2011, p. 21.

Paragraphes 1 et 2
L'**essentiel** de l'information est annoncé en introduction.

Paragraphes 3 et 4
Les **faits** sont présentés à l'aide d'exemples précis.

Paragraphe 5
Une **citation** permet d'« authentifier » ce que vous avancez.

Testez-vous !

Vrai ou faux ?

1. Le premier paragraphe doit donner l'information essentielle.
☐ vrai ☐ faux

2. La conclusion se restreint à ce qui a été dit dans l'article.
☐ vrai ☐ faux

3. Le *brainstorming* consiste à noter toutes ses idées sur le sujet.
☐ vrai ☐ faux

4. Donner des dates vous permet d'authentifier vos propos.
☐ vrai ☐ faux

→ Réponses p. 56

5 Écrire un récit ou une suite de récit

1 Écrire la suite d'un récit

- Vous pouvez être amenés à rédiger la suite du texte qui aura été étudié pour la compréhension orale, ou encore à écrire un récit similaire au texte étudié.
Exemple de sujet : *The three characters meet the day after: imagine the scene.*

- *Sur le* ***plan pragmatique****, repérez :*
  - le contexte historique ;
  - le narrateur ;
  - les liens entre les personnages.

- *Sur le* ***plan linguistique****, repérez :*
  - le niveau de langue / le ton du texte ;
  - le temps adopté par l'auteur ;
  - s'il s'agit d'un discours direct ou indirect ;
  - s'il y a des dialogues.

2 Écrire un récit

- Très souvent, les sujets (toujours en lien avec le texte étudié) font appel à votre expérience personnelle.
Exemple de sujet : *Have you experienced a sudden revelation? In what circumstances? What did you feel? What were the consequences?*

L'écriture d'un dialogue implique des règles précises ! Voir p. 34.

- Introduisez **la situation** de départ, **les lieux, l'époque,** ainsi que **les personnages.**
- Utilisez des **mots de liaison** pour respecter la chronologie des événements : *first, then, a few minutes later, finally, eventually…*

Attention aux faux amis ! *eventually* finalement

3 Les deux types de narrateurs

Lorsque le narrateur…	… dans le texte…
• **est un personnage de l'histoire :** – il vit les événements en temps réel ; – ou il les présente avec du recul.	→ l'histoire est à la **1re personne du singulier**. → il peut exprimer ses **sentiments**. → il peut **dire ce que les autres personnages font et disent** (pas ce qu'ils pensent).
• **n'est pas un personnage de l'histoire :** – il ne prend pas part aux événements.	→ le récit est à **la 3e personne du singulier**. → le narrateur peut tout de **même donner son avis** en employant la 1re personne. → il **sait ce que les personnages pensent**.

4 Les temps du récit

Les temps du récit	Exemples	Traduction
L'histoire est au présent Les événements se passent en temps réel.	*I* ***can hear*** *a noise in the kitchen. It* ***may*** *be Julie… No,* ***it's*** *impossible, she* ***is working*** *at the moment…*	J'entends un bruit dans la cuisine. C'est peut-être Julie… Non, impossible, elle travaille en ce moment.
L'histoire est au passé Les événements n'ont plus de lien avec le présent.	*She* ***looked at*** *her mum in the eyes:"Don't tell me what to do, I'm not 15 anymore!" she* ***shouted****.*	Elle regarda sa mère dans les yeux : « Ne me dis pas ce que je dois faire, je n'ai plus 15 ans ! » cria-t-elle.

Ne confondez pas le temps du récit et le temps des dialogues !

5 Structurer son récit

Éléments de structuration	Exemples	Traduction
Pour organiser votre récit, utilisez des **marqueurs chronologiques**.	***After*** *the party, they went to Tom's house. But* ***as soon as*** *they arrived, they heard a noise.*	Après la fête, ils allèrent chez Tom. Mais dès qu'ils arrivèrent, ils entendirent un bruit.
Les **marqueurs de temps** doivent être adaptés au temps du récit.	**Au présent :** *I tell her I will be* ***here tomorrow****.* **Au passé :** *I told her I would be* ***there the day after****.*	Je lui dis que je serai là demain. Je lui ai dit que je serai là-bas le lendemain.

Testez-vous !

Vrai ou faux ?

1. Le marqueur de temps *eventually* signifie « éventuellement ».
☐ vrai ☐ faux

2. Au passé, le marqueur de temps *tomorrow* devient *the day after*.
☐ vrai ☐ faux

3. Lorsque l'histoire est au présent, les faits se passent en temps réel.
☐ vrai ☐ faux

4. Lorsque le narrateur n'est pas un personnage de l'histoire, il sait ce que les autres personnages pensent.
☐ vrai ☐ faux

5. Le temps de l'histoire et le temps des dialogues sont toujours les mêmes.
☐ vrai ☐ faux

→ Réponses p. 56

6 Expression orale en continu

1 Avant l'épreuve

- Préparez des **fiches synthétiques** des notions abordées en cours.
  - Ciblez les idées principales.
  - Relevez les citations et les figures emblématiques liées à telle ou telle notion.
  - Précisez les principales œuvres littéraires, cinématographiques, musicales…
- Faites des **recherches personnelles** : elles viendront compléter les cours.
- Il est important de **vous entraîner à l'oral** avant l'épreuve.
  - Chronométrez-vous : cinq minutes, c'est très court.
  - Entraînez-vous à construire rapidement un plan.

> Entraînez-vous avec des camarades qui vous donneront des indications sur vos points forts et vos points faibles.

2 Mobiliser ses connaissances

- Notez sur votre brouillon tout ce que vous évoque le sujet et **organisez vos idées** en définissant deux à trois parties.

> Vous ne serez pas pénalisé si vous choisissez un plan en deux parties. L'essentiel est d'organiser vos idées de façon pertinente.

- Quelques astuces pour **organiser vos notes** :
  - donnez un titre à chaque partie et sous-partie ;
  - pour toute nouvelle idée, procédez par tirets ;
  - utilisez un code couleur : surlignez les citations en jaune, les exemples en vert, etc. ;
  - utilisez des abréviations pour gagner en rapidité :

♂ → man	↑ → increase	bw → between
♀ → woman	↓ → decrease	w → with
bec → because	pocal → political	connex° → connexion

- Rédigez entièrement introduction, conclusion et transitions au brouillon.

3 Construire son exposé

- L'**introduction** comprend :
  - la présentation et la problématisation du sujet ;
  - une annonce claire de votre plan grâce à des expressions du type :

I will study this question along three lines. First, I will talk about… then I will see… and finally, I will explain… J'étudierai la question en suivant trois axes. Tout d'abord, je parlerai de… ensuite, je verrai que… et enfin, j'expliquerai que…

- Le développement comprend deux à trois parties déclinées en sous-parties et des exemples et des citations comme :

As Churchill said: «Continuous effort is the key to unlocking our potential». Comme l'a dit Churchill : « L'effort continu est la clé qui déverrouille notre potentiel ».

- Si vous ne comprenez pas la question de l'examinateur, employez des expressions comme :

– *Excuse me but I don't understand...* Excusez-moi mais je ne comprends pas...

– *Could you repeat your question please?* Pourriez-vous répéter votre question s'il vous plait ?

– *If I understand right...* Si je comprends bien...

- Employez les termes appropriés pour exprimer votre **accord ou désaccord**.

  – Exprimer son **accord** :

  I agree with you... Je suis d'accord avec vous...

  I share the same point of view... Je partage le même point de vue...

  So do I / Neither do I ... Moi aussi / moi non plus...

  – Exprimer son **désaccord** :

  I don't agree / I disagree... Je ne suis pas d'accord...

  That's not my point of view... Ce n'est pas mon point de vue...

  I don't see things that way... Je ne vois pas les choses de cette façon...

Testez-vous !

Vrai ou faux ?

1. On peut faire appel à vos connaissances personnelles lors de l'interaction orale.

☐ vrai ☐ faux

2. Les contractions du type *I'm gonna* sont acceptées.

☐ vrai ☐ faux

3. *I don't agree* permet d'exprimer votre désaccord.

☐ vrai ☐ faux

4. Cette épreuve dure 5 minutes.

☐ vrai ☐ faux

5. Les expressions du visage et la gestuelle de l'examinateur peuvent être des indices sur la pertinence de vos propos.

☐ vrai ☐ faux

→ **Réponses p. 56**

RÉVISION EXPRESS

ÉCRIRE UNE LETTRE

	Lettre formelle	Lettre informelle
Formule de salutation	*Dear Sir / Madam Jones*	*My dear (Laura) / Dear (Mom)*
Introduction	*I wish to draw your attention to…*	*Sorry, I haven't written for so long*
Conclusion	*I thank you in advance*	*I can't wait to hear from you*
Formule de fin	*Yours faithfully / Yours sincerely*	*With all my love / Love / Bye*

ÉCRIRE UN DIALOGUE

- **Caractéristiques** du dialogue anglais :
  – aucun tiret, mais les **propos du locuteur** sont entre guillemets : **"…"** ,
  – aller à la ligne à chaque changement de locuteur,
  – attention à la non inversion du sujet et du verbe en anglais : *"No!" she yelled.*

ÉCRIRE UN TEXTE ARGUMENTÉ (*ESSAY*)

- Introduction
  – attirez l'attention du lecteur ;
  – problématisez et annoncez le plan.
- Développement
  – développez les arguments annoncés dans l'introduction ;
  – utilisez des mots de liaison pour les transitions.
- Conclusion
  – reprenez les éléments du plan et prenez position ;
  – proposez une ouverture.

RÉDIGER UN ARTICLE DE JOURNAL

- Privilégiez la forme de la **pyramide inversée** :
  – **Le titre** « accroche » le lecteur.
  – Le **premier paragraphe** donne **l'information essentielle** : réponse aux questions « W ».
  – Les paragraphes suivants précisent l'information : **détails, faits / dates et témoignages.**

ÉCRIRE UN RÉCIT OU UNE SUITE DE RÉCIT

- **Écrire une suite :** identifiez d'abord le **contexte**, le **narrateur,** les **personnages** et le **temps** des verbes.
- **Écrire un récit :** introduisez le texte, ciblez le **contexte,** choisissez le **narrateur** :
  – **Il est un personnage de l'histoire :** texte rédigé à la **1re personne** du singulier.
  – **Il n'est pas un personnage :** texte rédigé à la **3e personne** du singulier.

PRÉSENTER UNE NOTION À L'ORAL

Vous souhaitez…	Expressions	Traductions
ajouter	*I would like to add that…* *I forgot to say that…*	Je voudrais ajouter… J'ai oublié de dire…
faire répéter	*Excuse me, I don't understand…* *Could you repeat your question please?*	Je ne comprends pas… Pourriez-vous répéter votre question s'il vous plaît ?
exprimer votre accord	*I agree …* *So do I / Neither do I…*	Je suis d'accord… Moi aussi / moi non plus…
exprimer votre désaccord	*I don't agree / I disagree…* *That's not my point of view…*	Je ne suis pas d'accord… Ce n'est pas mon point de vue…

Testez-vous !

Vrai ou faux ?

1. L'expression *that's all for now* appartient au registre formel.
☐ vrai ☐ faux

2. Identifier les liens entre les personnages permet d'adapter son niveau de langue.
☐ vrai ☐ faux

3. Il y a des tirets dans le dialogue anglais.
☐ vrai ☐ faux

4. Dans un article de journal en pyramide inversée, on doit dès le premier paragraphe informer le lecteur de l'information essentielle.
☐ vrai ☐ faux

5. L'expression *so do I* permet d'exprimer votre accord.
☐ vrai ☐ faux

→ Réponses p. 56

Organiser le brouillon d'un *essay*

LES RÉFLEXES À AVOIR

- **Réécrivez le sujet** et notez toutes les idées qui en découlent.
- **Allez à la ligne** à chaque idée.
- **Divisez votre feuille en deux, voire trois, colonnes** correspondant aux parties de votre argumentation.
- Après avoir regroupé vos idées, **notez le titre de chaque partie.**
- **Rédigez** intégralement **l'introduction et la conclusion** après avoir détaillé votre plan.

LES PIÈGES À ÉVITER

- Ne vous laissez pas dépasser par le temps : gardez la moitié du temps pour la rédaction.
- **Écrivez lisiblement**, vous gagnerez du temps lors de la rédaction.
- **N'écrivez pas tous vos paragraphes au brouillon,** faites un plan très détaillé du contenu de votre écrit et rédigez uniquement les phrases clés.
- **Écrivez immédiatement en anglais,** ne passez pas par le français pour traduire ensuite.

LES ASTUCES DU PROF

- **Notez d'emblée les mots de liaison** qui serviront à construire vos transitions.
- **Utilisez des couleurs**, surlignez les mots clés en jaune et les mots de liaison en vert par exemple. Vous les repérerez plus facilement lorsque vous rédigerez au propre.
- **Paraphrasez** si un mot de vocabulaire vous manque.
- Ayez recours aux abréviations : en voici quelques exemples.

Termes	Abréviations
because	bec
with	w
means	=
increase / decrease	↑↓
differents from	≠
woman / man	♀♂

EXEMPLE

Organiser un *essay*

Sujet : Should parents interfere in their children's choices? (300 words)

Parents' presence in their children's choices

PROS +	*CONS –*
Parents want the best them for their children	**Parents tend to denigrate**
On the one hand	On the other hand
– parents feel concerned about them – want them to be on the right track – sometimes disapprove their children's friends / bad influence – prevent them from giving up school	– don't ask for their opinion – want to make up their own failure / fulfil their own ambition – children lack self-confidence – unsatisfied desires
Ex.: academic results / future job	**Ex.:** buying clothes / decorating their room / studies

Introduction

Parents usually want what is best for their children. They often think that they are entitled to have a stay in their children's choices: their studies, hobbies and even friends.	Définition du sujet
To what extent should parents interfere in their children's life?	Problématique
I will answer this question along two lines. First I will explain that parents want the best for their children and in a second part, I will show that sometimes, parents tend to belittle them.	Annonce du plan / articulation

Conclusion

To conclude, I would say that parents obviously have to interfere in their children's choices but they should do so with caution. Indeed, they should always try to listen to their children's opinion and take them into account.

Argumenter, complexifier ses énoncés

LES RÉFLEXES À AVOIR

▶ Variez les **mots de liaison.**

Indication	Exemples	Traduction
Addition	*I can't run.* ***Besides / furthermore / moreover / on top of that****, I am tired*	de plus / en outre
But	*He works hard* ***in order to/ so as to*** *be the best.*	pour / pour que / de façon à
Cause	*I stayed there* ***since / as / because*** *she was ill.*	comme / puisque
Concession	*He went to work* ***in spite of / despite*** *his wound. He went there,* ***although / even though / however****, he was wounded.*	malgré / en dépit de / bien que
Condition	*Hurry up,* ***otherwise*** *we will be late. He can come* ***provided / if*** *he is ready. He won't sleep* ***unless*** *you tell him a story.*	sinon / à moins que
Conséquence	*He didn't work,* ***consequently / therefore / as a result****, he failed.*	en conséquence / par conséquent
Opposition	*He is shy* ***whereas / while / yet****, his brother is chatty.*	alors que / tandis que
Temps	***as / as soon as*** *she entered, she saw her.* ***Meanwhile****, he was eating.*	comme / dès que / pendant ce temps

LES PIÈGES À ÉVITER

▶ Évitez les **mots passe-partout** ; variez votre vocabulaire grâce à leurs synonymes.

Good: excellent, great, brilliant, thrilling

Beautiful: attractive, gorgeous

Important: major, crucial, outstanding

Problem: issue, topic, dilemma

LES ASTUCES DU PROF

▶ Utilisez des **questions TAGs, ou des questions** pour susciter l'attention du lecteur.

Now people really pay attention to the way they look, ***don't they?*** *That's why…*

EXEMPLE

Harmonisez votre *essay*

Sujet : *People usually learn a foreign language at school. Are there other ways to do it?*

Learning foreign languages can be a dilemma for some of us. Geeting the pronunciation right, acquiring grammatical rules, making oneself understood and handling enough vocabulary to hold a conversation require effort and perseverance.

However, since practice makes perfect, you need to be exposed to a foreign language on a daily basis, which is hardly possible if you only rely on school courses. For instance, what about watching movies several times, with and then without subtitles? How about reading and learning the lyrics of songs you like, provided they make sense? Some books are adapted to learners' levels, aren't they? It can be an excellent way to learn a new language.

Besides, it is possible to organise a trip in a foreign country with some friends. And what about spending a gap year abroad, as I don't think you can learn a language unless you grasp the culture underlying it.

- Employez des termes plus variés que certains "passe-partout" : ***dilemma*** à la place de *problem*, ***excellent*** à la place de *good*.

- Utilisez des synonymes ***effort = perseverance***, ou des termes appartenant au champ lexical des mots-clés : ***new/abroad = foreign.***

- Variez aussi les mots de liaison pour exprimer la **concession : *however***, la **cause : *since/as***, la **condition : *provided/unless.***

- Poser des questions permettra d'interpeler le lecteur : *How about reading and learning…? / aren't they?*

Vérification des connaissances

1 Cochez la bonne réponse.

1. Dans une lettre, *take care* peut s'employer pour s'adresser à :

☐ un supérieur hiérarchique ☐ un ami

2. *No, she didn't* est :

☐ une *question TAG* ☐ une réponse courte

3. *I will answer this question along two lines* s'écrit :

☐ dans le développement ☐ en introduction

4. *Eventually* est un marqueur :

☐ de temps ☐ de supposition

5. Dans un récit au passé, le marqueur de lieu *here :*

☐ devient *there* ☐ reste inchangé

Exercices d'entraînement

2 Associez ces mots à leur traduction.

1. caption	**a.** sinon
2. moan	**b.** se plaindre
3. target	**c.** aborder
4. tackle	**d.** cible
5. otherwise	**e.** légende

3 Remplacez les pointillés par des mots de liaison en fonction de la catégorie demandée.

1. … she is tired, she will go to the party. (concession)

2. They will come … they are ready. (temps)

3. Liza is going to the cinema, … she will buy pop corn. (addition)

4. I don't think he stole the money … he wasn't there at that time. (cause)

4 Traduisez les énoncés suivants.

1. Fièrement, il dit à Lucy qu'il serait absent le jour suivant.

2. Ce roman a été écrit par Mary Higgins Clark en 1983.

3. Il y a un jeu de mots dans la phrase d'accroche.

Sujet de BAC

Espaces et échanges – D'après Amérique du nord, juin 2010

Doc. **Towards Independence: a step into a new life**

He had moved into the flat six months after joining the police and it could not be more different than his parents' home in the leafy street in South Kensington: the white steps up to the pillared front door, the gleaming paint and immaculate stucco. He had decided to leave the small self-contained flat at the top of the house, partly because he felt it demeaning to be still living at home after the age of eighteen, but chiefly because he couldn't imagine inviting a colleague to his flat. Even to walk through the main door of the house was to know what it represented: money, privilege, the cultural assurance of the prosperous liberal upper middle class. But he knew that his present apparent independence was spurious; the flat and its contents had been paid for by his parents – on his salary he couldn't otherwise have afforded to move. And he had made himself comfortable. He told himself wryly that only a visitor knowledgeable about modern furniture would have guessed how much the deceptively simple pieces had cost.

But there had been no visitors among his colleagues. As a new recruit he had trodden carefully at first, knowing that he was on a probation more rigorous and protracted than any provisional assessment from senior officers. He had hoped, if not for friendship, for tolerance, respect and acceptance, and to an extent he had earned them. But he was aware that he was still regarded with wary circumspection. He accepted that the problem was partly of his making, a reserve that was deeper and less forgivable than shyness and which inhibited intimacy. They didn't know who he was; he didn't know who he was. It wasn't, he thought, only the result of being mixed-race. The London world he knew and worked in was peopled with men and women of mixed racial, religious and national backgrounds. They seemed to manage.

His mother was Indian, his father English, she a paediatrician, he the headmaster of a London comprehensive school. They had fallen in love and married when she was seventeen, his father twelve years older.

They had been passionately in love and they still were. He knew from the wedding photographs that she had been exquisitely beautiful; she still was.

She had brought money as well as beauty to the marriage. From childhood he had felt an intruder into that private self-sufficient world. They were both over-busy and he had learned early that their time together was precious. He knew that he was loved, that his welfare was their concern, but coming quietly and unexpectedly into a room where they were alone, he would see the cloud of disappointment on their faces quickly change into smiles of welcome – but not quickly enough. Their difference in religious belief seemed never to worry them. His father was an atheist, his mother a Roman Catholic and Francis had been brought up and schooled in that faith. But when in adolescence he gradually let it go as he might relinquish a part of childhood, neither parent appeared to notice, or if they did, felt that they were justified in questioning him.

They had taken him with them on their annual visits to Delhi, and there too he had felt an alien. It was as if his legs, painfully stretched across a spinning globe, could find no secure footing in either continent. His father loved to revisit India, was at home there, was greeted with loud exclamations of delight, laughed, teased and was teased, wore Indian clothes, performed the salaam with more ease than he shook hands at home, left after tearful goodbyes. As a child and adolescent, Benton was made a great fuss of, exclaimed over, praised for his beauty, his intelligence, but he would stand there ill at ease, politely exchanging compliments, knowing that he didn't belong.

P.D. James, *The Lighthouse*, 2005

COMPRÉHENSION DE L'ÉCRIT

1 Give the main character's full name.

2 In which country does he live?

3 Quote two elements from the text to justify your answer.

4 What is the parents' social status? Pick out three elements to support your answer.

5 The main character moved out. In your own words explain the reasons why.

6 Explain in your own words the main character's apparent independence as quoted lines 10.

7 Are the statements right or wrong? Justify by quoting from the text.

a. He felt very cautious when he started working.

b. He felt his colleagues were suspicious of him.

c. Francis felt fully responsible for his uneasiness.

d. He felt people of mixed race had the same problems as he.

8 In your own words describe the parents' relationship *(40 words)*.

9 What were the main character's feelings towards his parents?

10 In your own words explain what evolution occurred in the main character's life as far as religion is concerned.

11 What does the main character mean when he says: "It was as if his legs, painfully stretched across a spinning globe, could find no secure footing in either continent" (l. 45-46)?

12 In your own words compare the father's attitude with his son's *(50 words)*.

EXPRESSION ÉCRITE

Les candidats en LV2 *traiteront uniquement* ***le sujet 1*** *(250 mots).*

Les candidats en LV1 *traiteront obligatoirement* ***le sujet 1*** *(150 mots)* ***et le sujet 2*** *(150 mots) en s'appuyant sur le document tremplin.*

1 "He had decided to leave the small self-contained flat at the top of the house." (l. 4-5).
When do you think is the best time to leave home?

2 According to you, what does being in-between two cultures imply?

Doc. tremplin **Doing the splits in between two cultures**

PLANTU, *Entre deux chaises*, 1985
© Musée national de l'histoire et des cultures de l'immigration

Testez-vous !

p. 35

1. a. **2.** b. **3.** b. **4.** b. **5.** a.

p. 37

1. Vrai **2.** Vrai **3.** Faux **4.** Faux **5.** Vrai

p. 39

1. Vrai **2.** Faux → Elle comporte une ouverture. **3.** Vrai **4.** Vrai

p. 41

1. Faux → Il signifie « finalement ». **2.** Vrai **3.** Vrai **4.** Vrai **5.** Faux

p. 43

1. Vrai **2.** Faux **3.** Vrai **4.** Vrai

p. 45

1. Vrai **2.** Faux **3.** Vrai **4.** Vrai **5.** Vrai

p. 47

1. Faux **2.** Vrai **3.** Faux **4.** Vrai **5.** Vrai

Gagnez des points !

2. Employez des synonymes : *scornfully = dismissively*

L'astuce du prof

5. Les dates et témoignages crédibilisent vos propos.

Piège à éviter

Prenez garde aux faux amis !
miserable malheureux

Vérification des connaissances

1

1. un ami
2. réponse courte
3. en introduction
4. de temps
5. devient *there*

Exercices d'entraînement

2

1. e **2.** b **3.** d **4.** c **5.** a

3

1. although **2.** as soon as **3.** besides **4.** since

Piège à éviter

4. Ne confondez pas *since* parce que et *since* depuis.

4

1. Proudly, he told Lucy he would be absent the day after.

2. This novel was written by Mary Higgins Clark in 1983.

3. There is a pun in the catchphrase.

Remarque

1. Il est possible de remplacer *the day after* par *the next day*.

Sujet de BAC

COMPRÉHENSION DE L'ÉCRIT

1 The main character is called Francis Benton.

2 He lives in England.

3 First of all, the neighbourhood "South Kensington" is mentioned. "It could not be more different than his parents' home in the leafy street in South Kensington." (l. 1-3). Then London itself is mentioned. "The London world he knew and worked in was peopled with men and women of mixed racial, religious and national backgrounds." (l. 24-26).

4 The parents are quite well off. Indeed, they seem to live in an opulentlooking house: "the white steps up to the pillared front door, the gleaming paint and immaculate stucco." (l. 3-4).

Further on in the text this sentence testifies to their wealth: "Even to walk through the main door of the house was to know what it represented: money, privilege, the cultural assurance of the prosperous liberal uppermiddle-class." (l. 7-9). Still further down, we learn that the mother "had brought money […] to the marriage." (l. 32).

5 The main character moved out as he realised he had grown too old to live at his parents' and it was high time he stood on his own two feet. Staying would have been humiliating. But above all he resented the luxury of his family home and would have been embarrassed to claim the place as his own when inviting colleagues.

6 Even though Francis was living by himself in a small flat, away from his parents, he knew he still relied on their financial support since they had furnished the flat and paid for it. He did not earn enough money to be self-supporting and could only pretend to have made it by himself.

7 **a. Right:** "As a new recruit he had trodden <u>carefully</u> at first." (l. 15-16).

b. Right: "But he was aware he was still regarded with <u>wary circumspection</u>." (l. 19-20).

c. Wrong: "the problem was <u>partly</u> of his making." (l. 20-21).

d. Wrong: "<u>They</u> seemed to manage." (l. 26).

8 Francis's parents must have vowed their undying love to each other when they got married and their feelings never waned. However, they could be said to be a good match in spite of several major differences: the mother was still a teenager when she got married whereas her husband was twenty-nine. They came from two cultural backgrounds: she was Indian while he was English. Moreover, the mother was better off than her husband. Finally, she had religious beliefs while he had none. But those differences neither seemed to thwart their plans nor to tarnish their love which was unwavering.

Piège à éviter

N'omettez aucun des éléments qui les opposent : âge, nationalité, ainsi que leurs croyances religieuses.

9 Francis probably wished his parents had taken better care of him or had given him the place he deserved in the family. He may have felt he was kept in the background. Since his parents were so wrapped up in their relationship he often felt unwanted. However concerned they sounded about his well-being, he would have liked them to include him more cheerfully in their life.

10 When he was young, Francis must have gone to a Roman Catholic school, therefore was raised as a practising Christian, according to his mother's faith. Yet, when he became a teenager he grew away from religion in the same way as he renounced certain aspects of his childhood. The whole process took place naturally without his parents interfering in his choice to turn his back on religion.

11 Francis was born of a mixed couple. Hence he partakes in a double culture, Indian on his mother's side, and English on his father's. Whenever he is in India he does not feel like he belongs. Neither does he when he is in England. The image conveys the impression this situation is uneasy for him and that he is constantly swaying between two worlds which can never converge hence this uncomfortable sensation of being torn between two perspectives which he can never reconcile. No wonder this situation involves suffering from a lack of stable identity.

12 Whenever they travelled back to Delhi the father's behaviour differed greatly from his son's. The lavish warmth of the locals made Francis feel uncomfortable, awkward and discomfited. On the contrary his father thoroughly enjoyed every minute of the exhilaration aroused by the reunion. He was elated. For instance it would make his spirits soar to perform the salaam and to be greeted with such wholeheartedness. But those people were a little too ebullient for the young boy, so much so that he felt like a total stranger among them.

EXPRESSION ÉCRITE

Les mots et expressions en caractères gras peuvent s'avérer utiles pour ce type de sujets.

1 When you leave home you don't really choose when to **part with** your family. The circumstances lead you whether it is for your studies or a job or because you wish to **settle down** somewhere with a partner. Hence the question whether there is a good time to leave home sounds inappropriate. However you will have to make up your mind at one stage of your life to pack your belongings and make a new start.

> **Gagnez des points !**
> Pensez à utiliser des synonymes de *independence* pour éviter les répétitions.

Severing the umbilical cord might be all the more difficult as you have been brought up by **smothering** parents. Leaving **the nest** can be challenging, unless you have grown accustomed to the idea of living **self-sufficiently.**

In the USA, most students go away after **graduating.** The college mates they make on campus somehow replace their family. They are still in a safe environment. College sounds like a slow transitional stage to autonomy. The French university system does not provide young people with a similar experience. They tend to remain at their parents' to **cut down** expenses, therefore hardly learning what self-reliance means.

On the other hand, some youngsters demand so much freedom that they would rather **drop** school and find an unskilled job. **The odds are,** they will regret it sooner or later when they become dissatisfied with their jobs. You should always think twice before rushing headlong into that risky adventure.

To conclude, there is no definite rule as to when you should leave your parents' home. Being **psychologically ready,** knowing what to expect, the bright and the seamy sides of real independence, will be essential **assets** to cope with whatever life has in store for you.

2 In our **cosmopolitan** society many people are living in a country while their cultural **background** is located **elsewhere** or have had to adjust to parents with two **drastically** different cultures. This ambivalent status requires some effort to find a satisfying **balance.**

The **sine qua non** of living in a foreign country is to learn the basics of its language which **enables** you to compare two ways of life. On the one hand, this is **enriching** as it is **food for thought** but on the other hand, you may suffer from this unstable equilibrium. You must be **torn** between your **eagerness** to conform to the habits of your land of welcome and your desire to **keep up with** the traditions of your native land. I gather finding a **golden mean** must be **challenging.**

Moreover, pretending you totally belong to your new place may make you feel **guilty** for renouncing your native land. How can you reach **self-fulfilment** when you feel either **uprooted** elsewhere or an **alien** at home?

However, I believe you are bound to develop valuable qualities like patience, tolerance, open-mindedness, and flexibility. The effort is indeed considerable but what a reward when you actually manage to combine both cultures and live harmoniously! It is an ill wind that blows nobody any good!

L'astuce du prof

Glisser un proverbe bien approprié permet de terminer son devoir avec brio !

PARTIE 2
Grammaire

CHAPITRE 3

Le groupe nominal

1 Les noms et leurs déterminants

1 Les articles

- ***The* est un article défini,** il désigne **quelqu'un ou quelque chose de précis.** *Give me the book* (celui-là et pas un autre).

- ***A(n)* est un article indéfini,** il se place devant :
  - **un élément indéterminé :** *I would like to buy a dog* (n'importe lequel).
  - **un nom de métier :** *She is a nurse.*
  - **certaines expressions :** *She will come in half an hour.* Elle viendra dans une demi-heure. *He jogs once a week.* Il court une fois par semaine.

> Devant un *h* muet ou une voyelle, on emploie *an* pour effectuer la liaison.

- **L'article Ø** est l'absence d'article devant le nom. On le trouve devant :
  - **les noms pluriels :** *Ø people* des gens ; *Ø artists* des artistes.
  - **les noms propres :** *Ø Queen Elizabeth ; Ø Princess Diana ; Ø Italy.*
  - **les expressions de temps :** *Ø last time* la dernière fois ; *Ø next month* le mois prochain.
  - **des notions générales :** *He likes Ø sport.* Il aime le sport (en général).

> Attention : on dira *Italy* pour « l'Italie » mais *the USA* pour « les États-Unis ».

2 Les noms dénombrables et indénombrables

- Les **noms dénombrables** sont les éléments que l'on peut **compter.**
  - Ils fonctionnent avec des articles définis, indéfinis et des nombres.
  - Quelques noms dénombrables : *a chair* (une chaise), *the cat* (le chat), *two houses* (deux maisons).

- Les **noms indénombrables ne peuvent être comptés.**
  - Ils ne peuvent pas être employés avec l'article indéfini *a* ni avec les nombres (*one, two*), et **ne s'emploient pas au pluriel.**
  - Ils peuvent être employés avec **l'article défini *the*.** *The butter is in the fridge.*

> Pour désigner une unité, on fait appel à un dénombreur (*a piece of*).

> Attention à leurs équivalents français qui, eux, sont parfois dénombrables !

– Quelques noms indénombrables : *advice* (le(s) conseil(s)), *news* (la/les nouvelle(s)), *information* (la/les information(s)), *cooking* (la cuisine), *milk* (le lait).

Dénombrable	Indénombrable
A business une entreprise	*Business* les affaires
A country un pays	*The country* la campagne

Certains noms dénombrables peuvent devenir indénombrables : dans ce cas, leur sens change !

3 Le pluriel des noms

- Certains pluriels impliquent des **modifications orthographiques.**

Noms terminés par	Forme du pluriel	Exemples
-ch, -s, -z, -sh, -x, -o	-es	*dish → dishes, bus → buses, buzz → buzzes, bush → bushes, box → boxes, potato → potatoes*
-y	-ies	*party → parties, baby → babies*
-f ou -fe	-ves	*life → lives, wolf → wolves*

Certains noms seulement sont concernés : *leaf → leaves*, mais *cliff → cliffs*.

- Il existe aussi des **pluriels irréguliers.**

– *a man → two men, a woman → two women, a child → two children, a mouse → two mice, a foot → two feet, a tooth → two teeth, a goose → two geese* (oie).

– Certains noms sont **invariables ou demeurent au singulier malgré leur sens :** *a sheep → two sheep* (mouton), *a fish → two fish* (poisson).

On peut quantifier les indénombrables en ajoutant un quantifieur. *Two tablespoon of butter.* Deux cuillères à café de beurre.

Testez-vous !

Vrai ou faux ?

1. *A* est un article défini.
☐ vrai ☐ faux

2. Devant un nom de métier, on doit mettre l'article Ø.
☐ vrai ☐ faux

3. L'article *the* est obligatoire devant *USA.*
☐ vrai ☐ faux

4. *Country* peut être un nom à la fois dénombrable et indénombrable.
☐ vrai ☐ faux

→ Réponses p. 79

2 Les adjectifs qualificatifs, les comparatifs et superlatifs

1 Les adjectifs qualificatifs

- Les adjectifs sont **invariables** en anglais, ils ne s'accordent pas avec le nom.
- Ils se placent **devant le nom** qu'ils qualifient, selon l'ordre suivant : **TACOM** (taille, âge, couleur, origine, matière).
A small old green Chinese porcelain cup. Une vieille petite tasse chinoise verte en porcelaine.

> Les **adjectifs de jugement** se placent avant tous les autres. *A smart young man.*

- Si le nom est remplacé par un **composé de *some*, *any* ou *no*,** l'adjectif se place **après le nom.**
You could do something nice! Tu pourrais faire quelque chose de gentil !
- Les adjectifs en *-ed* ont un **sens passif,** et les adjectifs en *-ing,* un **sens actif :** *interested* (intéressé), *interesting* (intéressant).

> Utilisez les bonnes prépositions après certains adjectifs : *afraid of, good at, different from…*

- Il existe des **adjectifs composés ;** ils fonctionnent de la même manière que les autres : *dark-blue* (bleu foncé), *newborn* (nouveau-né), *green-eyed* (aux yeux verts), *well-known* (connu)…

2 Les comparatifs

- Les adjectifs ne se forment pas tous de la même manière au comparatif.

Comparatifs	Formation	Exemples
d'infériorité moins… que	Tous les adjectifs : ***less* + adjectif + *than* + nom**	*She is **less happy than** Jack.* Elle est moins heureuse que Jack.
d'égalité aussi … que	Tous les adjectifs : ***as* + adjectif + *as* + nom**	*Lucy is **as beautiful as** Jane.* Lucy est aussi belle que Jane.
de supériorité plus… que	Adjectifs courts : **adjectif *-er* + *than* + nom** Adjectifs longs : ***more* + adjectif + *than* + nom**	*They are **nicer than** you!* Ils sont plus gentils que toi ! *He is **more friendly than** you.* Il est plus sympa que toi.

> Les comparatifs s'utilisent aussi avec les adverbes : *He works more **regularly** than Tom.*

> Les **exceptions** du comparatif de supériorité : *good* → *better*, *bad* → *worse*, *far* → *farther*

3 Formation des adjectifs au superlatif

Superlatif	Formation	Exemples
d'infériorité le moins…	Tous les adjectifs : ***the least* + adjectif**	*She is* ***the least competitive.*** Elle est la moins compétitive.
de supériorité le plus…	Adjectifs courts : ***the* + adjectif *-est*** Adjectifs longs : ***the most* + adjectif**	*I'm* ***the happiest!*** Je suis le plus heureux ! *You are* ***the most willing*** *girl.* Tu es la fille la plus volontaire.

Les **exceptions** du superlatif de supériorité :
good → *the best*
bad → *the worst far*
→ *the farthest*

4 Les règles communes au comparatif et au superlatif

- L'adjectif est **court** s'il a **une syllabe :** *nice* → *nicer / the nicest*
- S'il a **deux syllabes ou plus**, il est considéré comme un **adjectif long :** *intelligent* → *more intelligent / the most intelligent*
- D'autres adjectifs à deux syllabes sont considérés comme **courts** s'ils se terminent par :
  – ***y :*** *happy* → *happier / the happiest ;*
  – ***er :*** *clever* → *cleverer / cleverest ;*
  – ***ow :*** *narrow* → *narrower / the narrowest.*
- On observe aussi des **modifications orthographiques.**
  – Les adjectifs de **deux syllabes se terminant par une consonne suivie d'un** *-y* : *busy* → *bus**ier** / bus**iest**, early* → *earl**ier** / earl**iest**.*
  – Les adjectifs d'**une seule syllabe dont la dernière lettre est une consonne précédée d'une voyelle** doublent la consonne finale : *big* → *bi**gg**er / the bi**gg**est.*

On peut préciser la supériorité à l'aide de *much / far / a little.*
He is far cleverer. Il est bien plus intelligent.

Testez-vous !

Vrai ou faux ?

1. Les adjectifs sont invariables.
☐ vrai ☐ faux

2. Les adjectifs de jugement se placent après les autres adjectifs.
☐ vrai ☐ faux

3. Les adjectifs en -ed ont un sens passif.
☐ vrai ☐ faux

4. *happy* est un adjectif long.
☐ vrai ☐ faux

→ **Réponses p. 79**

3 La possession

1 Les adjectifs possessifs

• Ils sont dits **possessifs** car ils impliquent une **appartenance.**

John has a black cat. → *John* est un **possesseur masculin** ; on peut reformuler en employant l'adjectif possessif *his* : *His cat is black.*

En anglais, le déterminant possessif s'accorde avec le possesseur ; en français, il s'accorde avec le nom.

Pronoms personnels sujets	Adjectifs possessifs	Exemples
I	***My***	*This is my house.* C'est ma maison.
You	***Your***	*Liz is your aunt.* Liz est ta tante.
He	***His***	*It's his father.* C'est son père.
She	***Her***	*Look at her ring!* Regarde sa bague !
It	***Its***	*Look at its leg.* Regarde sa patte.
We	***Our***	*It's our car.* C'est notre voiture.
You	***Your***	*Is he your son?* C'est votre fils ?
They	***Their***	*Is it their dog?* C'est leur chien ?

2 Le génitif

• Le génitif relie étroitement deux noms ; il se traduit par un **'s** qui se place juste **après le possesseur.**

En français, c'est l'inverse : le possesseur est après le nom. *It's John's car.* C'est la voiture de John.

• *Whose* est le mot interrogatif qui permet d'**interroger sur l'appartenance.**
Whose car is it? À qui est la voiture ?

• Le nom à droite du génitif peut être **sous-entendu** s'il a déjà été mentionné en amont.
It's John's. C'est celle de John.

Construction	Exemples
Nom singulier + *'s*	*The cat's legs.* Les pattes du chat.
Nom pluriel + *'*	*My parents' car.* La maison de mes parents.
Nom pluriel irrégulier + *'s*	*The children's toys.* Les jouets des enfants.
Nom propre terminé par *–s* + *'*	*The Dickens' house.* La maison des Dickens.
Nom propre sans *–s* + *'s*	*Roahl Dahl's novels.* Les romans de Roahl Dahl.

Certains génitifs désignent une catégorie. *men's clothes* des vêtements masculins.

3 Les pronoms possessifs

- Les pronoms possessifs désignent l'**appartenance** (le mien, les miens, la mienne, les miennes, etc.).
- Le nom possédé est mentionné en amont, **on ne le répète pas après le pronom possessif.**

*What is your favourite animal? **Mine** is the cat, **yours** must be the dog.* Quel est ton animal préféré ? Le mien est le chat, le tien est certainement le chien.

- Le pronom possessif **dépend du possesseur**.

Adjectifs possessifs	Pronoms possessifs	Exemples
My	**Mine**	*This dog is mine.* Ce chien est le mien.
Your	**Yours**	*Those books are yours.* Ces livres sont les tiens.
His	**His**	*The car is his.* La voiture est la sienne.
Her	**Hers**	*The bag is hers.* Le sac est le sien.
Its	**Its**	*The claws are its.* Ces griffes sont les siennes.
Our	**Ours**	*The house is ours.* La maison est la nôtre.
Your	**Yours**	*The pens are yours.* Les crayons sont les vôtres.
Their	**Theirs**	*The bags are theirs.* Ces sacs sont les leurs.

- Pour dire « un de ses… », on utilise **a + nom + of + pronom possessif.**

He is a friend of mine. C'est un de mes amis.

Testez-vous !

Choisissez la bonne traduction.

1. En anglais, les adjectifs et pronoms possessifs s'accordent avec le nom.
☐ vrai ☐ faux

2. Dans la phrase *Look at her ring, her* renvoie à un possesseur féminin.
☐ vrai ☐ faux

3. Dans la phrase *It's Jack's*, le nom possédé est sous-entendu.
☐ vrai ☐ faux

4. Dans la phrase *This bag is hers, hers* est un adjectif possessif.
☐ vrai ☐ faux

5. Le nom possédé se place après le pronom possessif.
☐ vrai ☐ faux

→ Réponses p. 79

RÉVISION EXPRESS

LES ARTICLES ET LES TYPES DE NOMS

Article	Type de nom	Exemple
Indéfini ***a***	Devant un nom dénombrable singulier (que l'on peut compter)	*a cat* (un chat)
Ø	Devant un nom : – dénombrable pluriel – nom propre – indénombrable Devant une expression de temps	 *Ø cars* (des voitures) *Ø Spain* (l'Espagne) *Ø history* (l'histoire) *Ø next summer* (l'été prochain)
Défini ***the***	Devant un nom : – dénombrable singulier ou pluriel – indénombrable (notion générale)	 *the door(s)* (la/les porte(s)) *the water* (l'eau)

Les noms dénombrables peuvent être déterminés par des nombres : *two cats.*

Des noms appartiennent aux deux catégories : *Ø chocolate* du chocolat, *a chocolate* un chocolat

- Attention, certains noms sont indénombrables en anglais alors qu'ils sont dénombrables en français.
information (information(s)), *advice* (conseil(s)).

LE PLURIEL DES NOMS

- Le pluriel des **noms réguliers** se forme **en ajoutant -*s* à la fin du nom.**
- Pour certains pluriels, on rencontre des **modifications orthographiques :**
– les noms qui se terminent par *-ch, -s, -z, -sh, -x, -o* ont leur pluriel en *-es*.
wish → wishes
– les noms qui se terminent par *-y* ont leur pluriel en ***-ies***.
city → cities
– certains noms qui se terminent par *-f* ou *-fe*, ont leur pluriel en ***-ves***.
wife → wives

Attention : *shelf → shelves*, mais *roof → roofs.*

- Certains pluriels sont irréguliers.
one man → two men, a child → two children…

LES ADJECTIFS QUALIFICATIFS

- Ils se placent **devant le nom** qu'ils qualifient selon l'ordre **TACOM** (taille, âge, couleur, origine, matière).
A huge medieval brown French wooden door. Une énorme porte médiévale française en bois marron.

Les adjectifs de jugement (*nice, ugly*, etc.) se placent avant les autres adjectifs.

COMPARATIFS ET SUPERLATIFS

- L'adjectif est **court s'il a une syllabe :** *nice / new.*
  – on ajoute *-er* pour former le **comparatif :** *nicer than* (plus gentil que).
  – on ajoute *-est* pour former le **superlatif :** *the biggest* (le plus gros).

> Attention aux **modifications orthographiques:** *thinner / busier*

- Les adjectifs à deux syllabes sont courts s'ils se terminent en **-y** : *pretty*, **-er** : *clever*, **-ow** : *narrow.*
- L'adjectif est **long s'il a deux syllabes ou plus** : *caring.*
  – *more* pour le **comparatif :** *more efficient than* (plus efficace que).
  – *the most* pour le **superlatif :** *the most moving* (le plus émouvant).

> Les **exceptions :** ***good*** → *better - the best* / ***bad*** → *worse - the worst* / ***far*** → *farther - the farthest*

Comparatifs	Formation	Exemples
d'infériorité	*less* + adjectif + *than* + nom	*less tall than* plus petit que
d'égalité	*as* + adjectif + *as* + nom	*as clever as* aussi intelligent que
de supériorité	adjectif court–*er* + *than* + nom *more* + adjectif long + *than* + nom	*thinner than* plus mince que *more honest than* plus honnête que
Superlatifs		
d'infériorité	*the least* + adjectif	*the least happy* le moins joyeux
de supériorité	*the* + adjectif court *–est* *the most* + adjectif long	*the busiest* le plus occupé *the most caring* le plus attentionné

LA POSSESSION

- Soit on utilise le génitif **'s** juste **après le possesseur.**
  It's Julia's car. C'est la voiture de Julia.

> Si le nom se termine par un *s*, on ajoute seulement une apostrophe : *The Martins' car.*

- Soit on emploie un **adjectif ou un pronom possessif.**

Adjectifs possessifs	Exemples	Pronoms possessifs	Exemples
My	*It's my dog.* C'est mon chien.	**Mine**	*It's mine.* C'est le mien.
Your	*It's your book.* C'est ton livre.	**Yours**	*They are yours.* Ce sont les tiens.
His / Her / Its	*It's her bag.* C'est son sac.	**His / Her / Its**	*It's hers.* C'est le sien.
Our	*It's our house.* C'est nôtre maison.	**Ours**	*It's ours.* C'est la nôtre.
Your	*It's your pen.* C'est ton crayon.	**Yours**	*It's yours.* C'est le vôtre.
Their	*It's their garden.* C'est leur jardin.	**Theirs**	*It's theirs.* C'est le leur.

Comparatifs et superlatifs

LES RÉFLEXES À AVOIR

- Observez la longueur des adjectifs. Ils ne se construisent pas de la même façon.
  – Les adjectifs courts ont moins de deux syllabes. On ajoute *-er* pour former le **comparatif** et *-est* pour former le **superlatif.**
  – Les adjectifs longs ont deux syllabes ou plus. Dans ce cas, on a recours à *more* pour le **comparatif** et *the most* pour le **superlatif**.
- Repérez les adjectifs de deux syllabes se terminant en *-y*, *-ow* et *-er* : ils fonctionnent comme des adjectifs courts.

LES PIÈGES À ÉVITER

- En anglais, lorsqu'il n'y a que **deux éléments** à comparer, on utilise le **comparatif** et non le superlatif.
  I am the younger of the sisters → Il n'y a que deux sœurs.
- On ne peut comparer que des **défauts** ou des **qualités présentes** chez les personnes ou les choses comparées.
  To me, between Beckham and Zidane, ~~Beckham~~ is the worst football player.
  Pour moi, entre Beckham et Zidane, ~~Beckham~~ est le pire joueur de football.
  → Cet énoncé est incorrect du point de vue du sens puisque ni l'un ni l'autre ne sont de mauvais joueurs. On comparera avec *best* et non avec *bad* dans ce cas.
  To me, between Beckham and Zidane, Zidane is the best football player.
  Pour moi, entre Beckham et Zidane, Zidane est le meilleur joueur de football.

LES ASTUCES DU PROF

- En anglais, on privilégiera davantage l'usage du comparatif et du superlatif de **supériorité** au comparatif et superlatif d'infériorité.
  Plutôt que *She is less tall than Sally*, on dira *She is smaller than Sally.*
  De même, plutôt que *He is the least happy*, on dira *He is the saddest.*

EXEMPLE

Comparatifs et superlatifs

The blue whale is the biggest of the living mammals on earth. A blue whale is longer than five buses. It is the heaviest kind of whale. Their tongue alone can be as heavy as one elephant and their heart, as massive as a car. Even ten elephants are less heavy than a blue whale. It is also more impressive than a dolphin. The blue whales eat the smallest creatures in the ocean: plankton. Some whales have one of the most developed maternal instincts: they protect the seals from their predators. Between the shark and the blue whale, the sharks are the least intelligent.

Comparatifs de supériorité

- *long* est un adjectif court (il n'a qu'une syllabe) : **adjectif court –*er* + *than*.**
- *impressive* est un adjectif long : ***more* + adjectif long + *than*.**

Comparatif d'infériorité

- Quel que soit le nombre de syllabes de l'adjectif, il se forme toujours ainsi : ***less* + adjectif + *than*.**

Comparatif d'égalité

- Quel que soit le nombre de syllabes de l'adjectif, il se forme toujours ainsi : ***as* + adjectif + *as*.**

Superlatif de supériorité

- *big, heavy,* et *small* sont des adjectifs courts : ***the* + adjectif court –*est*.**
- Prenez garde aux modifications orthographiques : *biggest* (redoublement de la consonne *g*) *heaviest* (transformation du *y* en *i*).
- *developed* est un adjectif long : ***the* + *most* + adjectif long.**

Superlatif d'infériorité

- Quel que soit le nombre de syllabes, il se forme toujours de la même façon : ***the least* + adjectif.**

Dénombrer et qualifier

LES RÉFLEXES À AVOIR

- Identifiez correctement les noms **dénombrables** et **indénombrables.** Dans un dictionnaire, vous trouverez les abréviations *C* (*countable*) ou *U* (*uncountable*).
- Placez toujours les adjectifs **avant le nom** suivant l'ordre **TACOM** (taille, âge, couleur, origine, matière).
- Placez les adjectifs de jugement **avant tous les autres.**
- N'accordez pas les adjectifs avec le nom : ils sont **invariables**.

LES PIÈGES À ÉVITER

- Méfiez-vous des noms qui peuvent être **à la fois dénombrables et indénombrables**.
  a chocolate un chocolat → dénombrable.
  chocolate du chocolat → indénombrable.
  C'est **l'article** qui indique leur catégorie.
  Prenez garde aux noms qui sont indénombrables en anglais et dénombrables en français.
  software logiciel(s)
  evidence preuve(s).

LES ASTUCES DU PROF

- Lorsqu'un nom est dénombrable, on peut remplacer l'article qui le précède par un chiffre ou un nombre : ***the** cats* → ***two** cats*.
- Lorsqu'on ajoute un adjectif qualificatif devant un nom indénombrable, il devient dénombrable : *a very nice tea.*

EXEMPLE

Dénombrer et qualifier

Jane was sipping coffee when Tom entered the room. She didn't expect him to come back so quickly and jumped out of fear. Tom was a talented young politician. He was used to travel in different countries but this time, he said he would come back the week after.
Tom put his luggage on the floor and sat on the sofa next to his wife. Jane noticed that he was embarrassed.
"Do you want a nice coffee?" She asked.
"No, thank you. Jane, there is something I need to tell you."
"Can't it wait until tomorrow?" Jane complained. "The Harrisons will be here in a minute."

L'article indéfini *a*

- *minute* est un nom **dénombrable**, on peut remplacer l'article *a* par le chiffre *one*.
- *politician* désigne **un métier**, il faut obligatoirement l'article indéfini *a* devant.
- *coffee* est un nom indénombrable, mais ici l'adjectif qui le qualifie le rend dénombrable (un bon café).

L'article indéfini Ø

- *coffee* est un nom **indénombrable** (du café) : il est donc précédé de l'article **Ø**.
- *countries* est un nom **dénombrable pluriel,** il est donc impossible de mettre l'article *a* ou l'article *the*.
- *luggage* est un nom considéré comme **indénombrable,** malgré son sens en français (bagage(s)).

L'article défini *the*

- *room* et *sofa* sont des **noms dénombrables :** il s'agit de cette pièce et de ce canapé, et pas d'un(e) autre.
- *week after* fait référence à **un moment,** et *week* est un nom **dénombrable** : il faut donc l'article *the*.

Les adjectifs qualificatifs

- *talented* et *young* qualifient le nom *politician*. *Talented* est un adjectif de jugement, il se place donc avant *young,* qui renvoie à l'âge.
- *nice* se place devant le nom *coffee* et **transforme ainsi sa catégorie :** le nom indénombrable devient dénombrable.

Vérification des connaissances

1 Choisissez la bonne réponse.

1. Devant le nom propre *Ireland*, on doit mettre :

☐ l'article *the* ☐ l'article Ø

2. On ajoute un *n* à l'article *a* devant :

☐ un *h* muet ☐ une consonne

3. *The country* est un nom :

☐ dénombrable ☐ indénombrable

4. Dans le nom *bruises*, la terminaison *–es* se prononce :

☐ [z] ☐ [iz]

5. On emploie le comparatif pour dire :

☐ le plus / le moins ☐ plus / moins

6. Le pluriel de *deer* est :

☐ *deer* ☐ *deers*

7. Dans l'énoncé *The Potter's house, 's* est un :

☐ génitif ☐ pronom possessif

8. En anglais, les adjectifs et pronoms possessifs dépendent :

☐ du nom ☐ du possesseur

Exercices d'entraînement

2 Complétez par le bon article : Ø, *the*, *a* ou *an*.

1. She is .... honest girl.

2. They are in .... neighbour's garden.

3. .... London is a nice city.

4. He lives in .... country.

3 Placez les adjectifs dans le bon ordre dans chaque phrase.

1. A .... dog (young / big / black / nice)

2. A .... jacket (leather / brown / new)

3. A .... woman (young / beautiful / blue-eyed)

4. An .... student (Scottish / ugly / thin / 18 year-old)

4 Complétez ces phrases à l'aide du comparatif indiqué.

1. She is .... Suzie (rich) → **supériorité**

2. They are .... your children (polite) → **infériorité**

3. I'm .... you (tired) → **égalité**

4. Stessy is .... Carla (good at Maths) → **supériorité**

5. Boys are .... girls (bad at French) → **infériorité**

5 Reformulez les phrases suivantes avec un génitif.

1. The jeans belong to Tom.

2. Joe has a beautiful car.

3. These girls have nice jewels!

4. This cat belongs to my grandpa.

6 Employez un adjectif possessif ou un pronom possessif selon les énoncés.

1. This car is .... (Julia)

2. I think it's .... father (Tom)

3. Look at .... christmas tree! (me and you)

4. This computer is .... (Tom and Sally), isn't it?

Sujet de BAC

Mythes et Héros – Lieux et formes du pouvoir – D'après Liban, juin 2010

Doc. **A Revelation**

Increasingly, she would remind me of his story, how he had grown up poor, in a poor country, in a poor continent; how his life had been hard [...]. He hadn't cut corners, though, or played all the angles. He was diligent and honest, no matter what it cost him. He had led his life according to principles that demanded a different kind of toughness, principles that promised a higher form of power. I would follow his example, my mother decided. I had no choice. It was in the genes.

"You have me to thank for your eyebrows… your father has these little wispy eyebrows that don't amount to much. But your brains, your character, you got from him."

Her message came to embrace black people generally. She would come home with books on the civil rights movements, the recordings of Mahalia Jackson, the speeches of Dr. King. When she told me stories of schoolchildren in the South who were forced to read books handed down from wealthier white schools but who went on to become doctors and lawyers and scientists, I felt chastened by my reluctance to wake up and study in the mornings. If I told her about the goose-stepping demonstrations my Indonesian Boy Scout troop performed in front of the president, she might mention a different kind of march, a march of children no older than me, a march for freedom. Every black man was Thurgood Marshall or Sidney Poitier; every black woman Fannie Lou Hamer or Lena Horne. To be black was to be the beneficiary of a great inheritance, a special destiny, glorious burdens that only we were strong enough to bear.

Burdens we were to carry with style. More than once, my mother would point out: "Harry Belafonte is the best-looking man on the planet."

It was in this context that I came across the picture in *Life magazine* of the black man who had tried to peel off his skin. I imagine other black children, then and now, undergoing similar moments of revelation.

Perhaps it comes sooner for most – the parents' warning not to cross the boundaries of a particular neighborhood, or the frustration of not having hair like Barbie no matter how long you tease and comb, or the tale of a father's or grandfather's humiliation at the hands of an employer or a cop, overheard while you're supposed to be asleep. Maybe it's easier for a child to receive the bad news in small doses, allowing for a system of defenses to build up – although I suspect I was one of the luckier ones, having been given a stretch of childhood free from self-doubt.

I know that seeing that article was violent for me, an ambush attack. My mother had warned me about bigots – they were ignorant, uneducated people one should avoid. [...] I could correctly identify common greed or cruelty in others, and sometimes even in myself. But that one photograph had told me something else: that there was a hidden enemy out there, one that could reach me without anyone's knowledge, not even my own. When I got home that night from the embassy library, I went into the bathroom and stood in front of the mirror with all my senses and limbs seemingly intact, looking as I had always looked, and wondered if something was wrong with me. The alternative seemed no less frightening – that the adults around me lived in the midst of madness.

The initial flush of anxiety would pass, and I would spend my remaining year in Indonesia much as I had before. I retained a confidence that was not always justified and an irrepressible talent for mischief. But my vision had been permanently altered. On the imported television shows that had started running in the evenings, I began to notice that Cosby never got the girl on *I Spy*, that the black man on *Mission Impossible*, spent all his time underground.

I noticed that there was nobody like me in the *Sears, Roebuck*[1] Christmas catalog that Toot and Gramps sent us, and that Santa was a white man.

I kept these observations to myself, deciding that either my mother didn't see them or she was trying to protect me and that I shouldn't expose her efforts as having failed. I still trusted my mother's love – but I now faced the prospect that her account of the world, and my father's place in it, was somehow incomplete.

BARACK OBAMA, *Dreams from My Father*, 1995

1. *Sears, Roebuck and Co* is an American department store and mail order firm

COMPRÉHENSION DE L'ÉCRIT

1 What type of document is this text taken from?

2 In which country did the narrator spend his childhood?

3 Which sentence in the text best illustrates the mother's feelings about black people?

4 "She would remind me of his story" (l. 1). Who is the mother talking about?

5 According to the mother, which qualities did this person have?

6 Pick out five elements which the mother used in order to introduce black American culture to her son.

7 What message do you think the mother wanted to convey by telling "stories of schoolchildren in the South" (l. 13-14)?

8 a. What was the narrator's "moment of revelation" (l. 27)? Quote from the text.
b. Where exactly did it happen?

9 The narrator imagines three situations in which other black children could feel the way he did. Describe them in your own words *(40 words)*.

10 This revelation had an impact on the narrator.
a. How had he felt about his identity before it?
b. Why did this revelation shock him so much that day?

11 To what extent did this experience change the narrator? (*30 words*)

12 "I kept these observations to myself" (l. 55). Explain in your own words why he didn't share his observations with his mother (*30 words*).

EXPRESSION ÉCRITE

Les candidats en LV2 *traiteront* ***au choix*** *le sujet 1* ***ou*** *le sujet 2 (250 mots).*

Les candidats en LV1 *traiteront* ***au choix*** *le sujet 1* ***ou*** *le sujet 2 (150 mots)* ***et*** *traiteront* ***le sujet 3*** *(150 mots), en s'appuyant sur le document tremplin.*

1 "But my vision had been permanently altered." (l. 49-50).
Have you ever experienced a sudden revelation? In what circumstances? How did you feel? What were the consequences?

2 "I would follow his example, my mother decided." (l. 6).
Are role models indispensable for young people? Illustrate with examples.

3 Do you think it is possible to understand what racial discrimination is without ever having been a victim of it?

Doc. tremplin **Black like me**

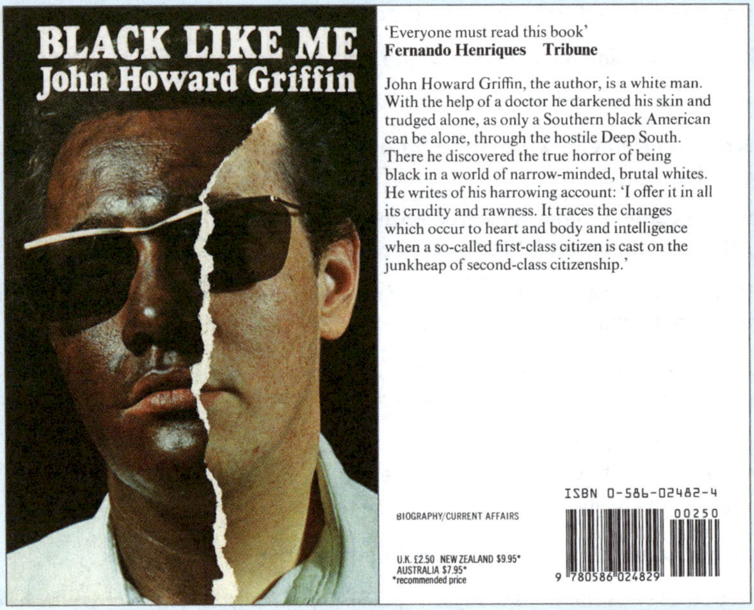

John Howard Griffin, *Black Like Me*, Grafton Book, 1962

Testez-vous !

p. 63

1. Faux **2.** Vrai **3.** Vrai **4.** Vrai

p. 65

1. Vrai **2.** Faux **3.** Vrai **4.** Faux

p. 67

1. Faux → Ils s'accordent avec le possesseur. **2. Vrai** **3. Vrai**

4. Faux → C'est un pronom possessif. **5. Faux** → C'est toujours après l'adjectif possessif qu'on trouve le nom possédé.

> **Astuce du prof**
> 3. Observez bien l'article qui précède le nom pour savoir s'il s'agit d'un dénombrable ou d'un indénombrable.

Vérification des connaissances

1

1. l'article Ø **2.** un h muet **3.** indénombrable

4. [iz] **5.** plus / moins **6.** deer **7.** génitif

8. du possesseur

> **Rappel**
> 2. On ajoute *n* à l'article *a* devant une voyelle.

Exercices d'entraînement

2

1. an **2.** the **3.** Ø **4.** the

3

1. A nice big young black dog.

2. A new brown leather jacket.

3. A beautiful young blue-eyed woman.

4. An ugly thin 18 year-old Scottish student.

> **Remarque**
> 4. Les adjectifs de nationalité et les matières scolaires prennent toujours une majuscule en anglais.

4

1. richer than
2. less polite than
3. as tired as
4. better at Maths than
5. worse at French than

5

1. It's Tom's jeans.
2. It's Joe's beautiful car.
3. It's these girls' nice jewels.
4. It's my grandpa's cat.

> **Rappel**
> 3. Il y a seulement une apostrophe au génitif lorsque le mot désignant le possesseur se termine par un « s ».

6

1. hers **2.** his **3.** our **4.** theirs

Sujet de BAC

COMPRÉHENSION DE L'ÉCRIT

1 This text is taken from Barack Obama's bestselling autobiography entitled *Dreams from my Father*.

2 The narrator, Barack Obama, spent his childhood in Indonesia.

3 The sentence which best illustrates Barack's mother's feelings about black people is: "To be black was to be the beneficiary of a great inheritance, a special destiny, glorious burdens that only we were strong enough to bear." (l. 21-22).

4 Barack's mother is referring to his father.

5 According to Barack's mother, his father was hard-working, diligent, honest, tough, ambitious and intelligent.
He had values and principles and led his life accordingly.

> **Piège à éviter**
> Utilisez vos propres mots et ne recopiez pas le texte source : la paraphrase est, en effet, sanctionnée.

6 Barack's mother would tell him about "the civil rights movements" and their charismatic leader Dr. King. She would also talk about racial segregation and "schoolchildren in the South who were forced to read books handed down from wealthier white schools" (l. 14-15). She mentioned civil disobedience and non-violent demonstrations such as "a march of children (…) for freedom" (l. 19). She would refer to famous African Americans such as " Mahalia Jackson", "Thurgood Marshall or Sidney Poitier", "Fannie Lou Hamer or Lena Horne". Finally, she would mention black elegance and style, embodied by the famous singer Harry Belafonte, "the best-looking man on the planet" (l. 24).

7 Obviously, Barack as a child was not so keen on school: his mother may have wanted to show him that in the South of the USA, children who were not as lucky as he was because they didn't get the same opportunities and because they suffered from segregation and racial discrimination, nonetheless worked hard at school and then managed to climb up the social ladder. She probably hoped those stories would convince him to focus on his academic achievement.

8 **a.** Barack Obama had a revelation when he "came across the picture in *Life magazine* of the black man who had tried to peel off his skin." (l. 25-26)
b. He saw this magazine at "the embassy library" (l. 42). We may guess he refers to the American embassy, in Jakarta.

9 Barack Obama imagines that other black children may have that kind of revelation when their parents forbid them to walk across a white neighbourhood, or when little black girls realize that their hair will never be as blond and straight as their Barbie dolls', or when they hear about someone in their families who has been abused by the police or by an employer.

10 **a.** Before seeing this picture, Barack Obama had always been proud of being black.
b. This picture showed him that some black people, because they were subjected to humiliation and discrimination, were ashamed of their skin colour and wished they could be white.

11 Although this picture made him feel anxious for a while, it changed neither his personality nor his behaviour. However, it made him view the world in a completely different perspective: he realized that no matter how much his mother praised black people, they never had it easy.

12 Barack didn't share his observations with his mother because he didn't want to hurt her feelings, first because she might not be aware of this situation, and then because she must have tried to protect him by smoothing the truth's rough edges and therefore he felt it would have been disloyal to spoil her efforts by showing her he had not been fooled. In any case, he understood that there was more to the condition of black people than what his mother told him.

EXPRESSION ÉCRITE

Les mots et expressions en gras peuvent s'avérer particulièrement utiles pour ce type de sujets.

1 When I was seven years old, I **found out** that Father Christmas didn't exist. This revelation came as such **a great shock** to me that I still remember it quite **vividly:** on Christmas Eve, that year, I **reluctantly** agreed to go to bed, secretly intending to stay awake to see Santa. When my parents checked in on me around midnight, I pretended to be asleep but as soon as they shut my bedroom door, I got up and crept to the living room. There I discovered **the truth:** while my father was biting into the chocolate chip cookie and drinking the glass of milk I had set out on a little tray for Santa, my mother was carefully stacking up gift-wrapped boxes!
I started crying **as the truth dawned on me.** My parents heard me and took me up in their arms, doing their best to comfort me. But I was hopelessly **bitter,** resenting them for lying to me so shamelessly. Even the brand-new bike they had chosen for me was little **solace** for what I considered as sheer betrayal. It really spoiled all the fun, and since then I have always felt awkward around Christmas time. I don't resent my parents any more, of course, as I have understood that they were just perpetuating an ancient tradition. However, I promised myself that I would never make my children believe in Father Christmas.

L'astuce du prof
Faites le lien entre cette expérience passée et le présent.

2 A role model is someone whose **character,** life or **behaviour** is taken as a good example to **follow.** As such, role models seem to be particularly important to a young person whose personality is in building.
Role models may be chosen among one's **relatives:** an uncle whose job looks exciting or an elder cousin who does well at school can motivate young people to do their best to imitate them. Having role models who have made it thanks to school can show children that success is possible and encourage them to **devote** more time and energy to their schooling.
Role models may also belong to the celebrity sphere: teenagers can identify with heroes they have chosen and admire, and will be ready **to go to great lengths** to be like them. This identification phenomenon will undoubtedly be **beneficial to** teenagers provided they have chosen positive characters as heroes: a sportsperson who plays by the rules, a singer conveying a positive message or a political leader whose creed is tolerance and respect.

Gagnez des points !
Pensez à donner des exemples, comme l'exige la consigne.

However, it is worth noticing that having one and only role model may also be **an obstacle to** the building of a young person's personality. Indeed, the risk may be to let oneself be completely influenced by that person, whether it is a relative or a friend or a celebrity, to the point of losing one's own **identity** and becoming a sheep, a copycat, a meek person who follows an idol unquestioningly.

3 As far as I'm concerned, I've never been the victim of racism. Yet, I know it is a form of discrimination, like **sexism** or **homophobia** for instance, and that racism, **xenophobia** or **ethnocentricity** are due to ignorance, fear and the inability to go **beyond** cultural differences and consider foreigners as **peers**. In short, I do understand the notion of racism.
However, understanding is also feeling, living, experiencing. Therefore, is it possible to really **grasp** what racism is without ever having been a victim of it?
I think it is, by relating it to other forms of discrimination. I myself, as a girl, have already been **discriminated against**. Besides, each of us knows what it feels like to be the victim of injustice or **to be looked down on, ill-treated**, humiliated: we may feel **uneasy**, ashamed, **resentful**, angry, or even **hateful**.
All in all, I believe that it is indeed possible to understand what racism is without ever having been the victim of it, even though what we experience ourselves is always stronger than what we can only imagine, by analogy or out of **empathy**.

CHAPITRE

4 Faire référence aux différents moments

1 La référence au moment présent

1 Le présent simple

- L'énonciateur s'intéresse aux faits. Il parle alors :

– d'une caractéristique / vérité générale ;

Josh has blue eyes. Josh a les yeux bleus.

The Earth turns around the Sun. La Terre tourne autour du soleil.

– d'une action habituelle ;

I go to the gym every Monday. Je vais à la gym tous les lundis.

I usually get up at 7 a.m. Habituellement, je me lève à 7 heures.

> Dans ce cas, on trouve souvent un marqueur de temps : *every week, never…*

– d'une action soudaine.

Beckham takes the ball, shoots and scores! Beckham récupère la balle, tire et marque !

> Il s'agit très souvent de reportages à la radio ou à la télévision.

- À la **troisième personne du singulier**, le verbe prend toujours un **-s**. Attention aux **modifications orthographiques** pour les verbes qui se terminent en : *-o (goes), -se (advises), -sh (washes), -ch (teaches).*

2 Le présent continu (*be* + V-*ing*)

- L'énonciateur exprime son **point de vue** en tant qu'**observateur**. Il est témoin d'une scène qui est en train de se dérouler au moment où l'on parle.

Mike is fixing the car. Mike répare la voiture.

- Pour les **verbes d'une syllabe** suivant le schéma consonne–voyelle–consonne, la **consonne finale est doublée** : *run → running, sit → sitting, sip → sipping.*

- Certains verbes changent de sens en fonction du temps employé (présent simple ou continu).

Base verbale	Présent simple	Présent continu
see	*I see what the problem is.* Je vois quel est le problème.	*I'm seeing John tonight.* J'ai un rendez-vous avec John ce soir.
be	*I'm a student.* Je suis étudiant.	*You're being silly!* Tu fais l'imbécile !

3 Les formes du présent simple

Be est un verbe lorsqu'il est suivi d'un groupe nominal : *He is very nice.* Il est auxiliaire lorsqu'il est suivi d'un groupe verbal : *He is going out.*

Phrase	Construction	Exemple
Affirmative	Sujet + verbe + complément	*He likes video games.* Il aime les jeux vidéo.
Négative	Si le verbe est *be* : **Sujet + *be* + *not* + complément** Si le verbe est autre que *be* : **Sujet + *do* + *not* + base verbale + complément**	*You are not stupid!* Tu n'es pas stupide ! *They don't play rugby.* Ils ne jouent pas au rugby.
Interrogative	Si le verbe est *be* : ***Be* + sujet + complément** Si le verbe est autre que ***be*** : **(*Wh-*) + *do* + sujet + base verbale + complément**	*Is he good at French?* Est-il bon en français ? *Where do you go?* Où vas-tu ?

À la 3e personne du singulier, *do* = *does*

4 Les formes du présent continu

Phrase	Construction	Exemple
Affirmative	Sujet + *be* + v-*ing* + complément	*He is running in the garden.* Il court dans le jardin.
Négative	Sujet + *be* + *not* + v-*ing* + complément	*They are not cooking.* Ils ne font pas la cuisine.
Interrogative	(*Wh-*) + *be* + sujet + v-*ing* + complément	*What is she doing?* Que fait-elle ?

L'auxiliaire et le sujet sont inversés.

Testez-vous !

Vrai ou faux ?

1. Lorsqu'il parle au présent simple, l'énonciateur s'intéresse aux faits.
☐ vrai ☐ faux

2. "*I'm joking!*" Ici, *be* est un verbe.
☐ vrai ☐ faux

3. Au présent *-ing*, *eat* s'écrit *eatting*.
☐ vrai ☐ faux

4. Dans une phrase négative au présent simple, on utilise toujours l'auxilaire *do*.
☐ vrai ☐ faux

5. Dans une phrase interrogative, on inverse le sujet et l'auxiliaire.
☐ vrai ☐ faux

→ Réponses p. 85

2 La référence au passé

Si le verbe est *be* dans une affirmative *(she was happy)*, on le reprend pour former la négative *(she wasn't happy)* et l'interrogative *(Was she happy?)*.

1 Les deux prétérits

- **Prétérit simple** : les faits décrits appartiennent au **passé révolu**.

Phrase	Construction	Exemple
Affirmative	Sujet + v-*ed* / 2e colonne des verbes irréguliers + complément	*She looked at her.* Elle la regarda. *I ate the whole cake!* J'ai mangé tout le gâteau !
Négative	Sujet + *did not* + base verbale + complément	*They did not (didn't) see him.* Ils ne l'ont pas vu.
Interrogative	(*Wh-*) + *did* + sujet + base verbale + complément	*Where did you go last night?* Où étais-tu hier soir ?

Did = *do* au prétérit

- **Prétérit continu :** les **actions** décrites sont **en cours dans le passé.**

Phrase	Construction	Exemple
Affirmative	Sujet + *was* / *were* + v-*ing* + complément	*She was watching a film.* Elle regardait un film.
Négative	Sujet + *was* / *were not* + v-*ing* + complément	*They were not playing rubgy.* Ils ne jouaient pas au rugby.
Interrogative	(*Wh-*) + *was* / *were* + v-*ing* + complément	*What was he doing at 10 a.m.?* Que faisait-il à 10 heures ?

Was / *were* = *be* au prétérit.

2 Les deux *present perfect*

- ***Present perfect* simple** : lien de **cause à effet sur le présent**, on fait un **bilan**. On s'intéresse au **résultat.**

Phrase	Construction	Exemple
Affirmative	Sujet + *have* + v-*en* / 3e colonne irréguliers + complément	*I have lost my keys!* J'ai perdu mes clés ! → Je suis à la porte. *She has eaten too much.* Elle a trop mangé. → Elle est malade.
Négative	Sujet + *have not* + v-*en* + complément	*He has not trained.* Il ne s'est pas entraîné. → Il a perdu.
Interrogative	*Have* + sujet + v-*en* + complément	*Have you seen Peter?* As-tu vu Peter ? → Je le cherche.

Abréviation de *have not* = *haven't*

● ***Present perfect* continu** : l'activité s'est produite dans le passé, elle est considérée **dans sa durée** et il y a une **trace sur le présent**. On s'intéresse au **sujet / objet**.

Phrase	Construction	Exemple
Affirmative	Sujet + *have* + *been* + v-*ing* + complément	*I have been running for two hours!* J'ai couru deux heures ! → Je suis épuisé.
Négative	Sujet + *have not* + *been* + v-*ing* + complément	*He hasn't been working for nothing!* Il n'a pas travaillé pour rien ! → Il a réussi.
Interrogative	(*Wh-*) + *have* + sujet + *been* + v-*ing* + complément	*Where have you been going?* Où es-tu allé ? → Je t'ai cherché partout.

3 Les deux *past perfect*

● ***Past perfect* simple :** lien de **cause à effet sur le passé**. On s'intéresse au **résultat**.

Phrase	Construction	Exemple
Affirmative	Sujet + *had* + v-*en* / 3e colonne irréguliers + complément	*He had eaten the whole cake!* Il avait mangé tout le gâteau ! → Il n'en restait pas.
Négative	Sujet + *had not* + v-*en* + complément Abréviation de *had not* = *hadn't*	*I hadn't seen her for years!* Je ne l'avais pas vue depuis des années ! → Je ne l'avais pas reconnue.
Interrogative	*Had* + sujet + v-*en* + complément	*Had they slept well?* Avaient-ils bien dormi ? → Ils semblaient fatigués.

● ***Past perfect* continu :** l'activité était **en cours dans le passé,** avait **une incidence sur le passé**. On s'intéresse au **sujet / objet**.

Phrase	Construction	Exemple
Affirmative	Sujet + *had* + *been* + v-*ing* + complément	*I had been reading for a long time.* J'avais lu longtemps. → J'avais mal aux yeux.
Négative	Sujet + *had not* + *been* + v-*ing* + complément	*We hadn't been sleeping before 2 a.m.* Nous n'avions pas dormi avant 2 heures du matin. → Nous étions épuisés.
Interrogative	(*Wh-*) + *had* + sujet + *been* + v-*ing* + complément	*How long had you been working?* Pendant combien de temps avais-tu travaillé ? → Tu connaissais toutes tes leçons.

3 La référence au futur

1 Le futur en *will*

- En employant l'auxiliaire *will*, l'énonciateur fait **référence à l'avenir.**
- *Will* comporte également une notion de **volonté** : l'énonciateur parle d'événements que l'on considère comme certains.

'll est la forme contractée de *will*.

One day, you will see, I'll be famous. Un jour, tu verras, je serai célèbre.

- *Will* est un auxiliaire **modal invariable**. Il est toujours suivi d'une **base verbale.**

Phrase	Construction	Exemple
Affirmative	Sujet + *will* + base verbale + complément	*I don't think it will rain.* Je ne pense pas qu'il va pleuvoir.
Négative	Sujet + *will not / won't* + base verbale + complément	*They won't come tonight.* Ils ne viendront pas ce soir.
Interrogative	(*Wh-*) + *will* + sujet + base verbale + complément	*Will he be on time?* Sera-t-il à l'heure ?

- On peut aussi employer ***will + be + v-ing***.
  – On indique que l'événement sera **en train de se produire.**

L'énonciateur est garant de ses propos.

He'll be working hard to please you. Il travaillera dur pour te faire plaisir.
  – La construction des phrases avec ***will + be + v-ing*** est la même qu'avec *will* seul.
Where will she be waiting for us? Où nous attendra-t-elle ?

2 L'emploi du présent à valeur de futur

- En employant ***be going to + base verbale,*** l'énonciateur annonce :
  – une **décision déjà prise :** *I'm going to visit Ann.* Je vais voir Anne.
  – une **prédiction :** *He's going to fall down!* Il va tomber !

Phrase	Construction	Exemple
Affirmative	Sujet + *be* au présent + *going to* + base verbale + complément	*They are going to watch a film.* Ils vont voir un film.
Négative	Sujet + *not* + *be* au présent + *going to* + base verbale + complément	*She is not going to play chess.* Elle ne jouera pas aux échecs.
Interrogative	(*Wh-*) + *be* au présent + sujet + *going to* + base verbale + complément	*What are you doing tomorrow?* Qu'est-ce que tu fais demain ?

• ***Be + v-ing*** s'utilise pour un **événement prévu d'un point de vue personnel**.
We are eating in a restaurant tonight. Nous mangeons au restaurant ce soir.

• ***Be to* + base verbale** s'utilise pour un **événement organisé par quelqu'un d'autre que le sujet**.
The President is to talk about the project. Le Président va parler du projet.

• ***Be about to* + base verbale** s'utilise pour un **événement imminent**.
Come on, the concert is about to start! Viens, le concert va commencer !

• On peut aussi employer le **présent simple** puisqu'il a une valeur d'**habitude**.
The trains comes at 6.00 a.m. Le train arrive à 6 heures du matin.

3 Le futur dans le passé

• ***Be going to* + base verbale, *be to* + base verbale** et ***be about to* + base verbale** peuvent s'employer au **passé** en gardant les **mêmes valeurs** qu'au présent. Dans ce cas, ***be* est au prétérit.**
They were going to tell the truth. Ils allaient dire la vérité.
She was to reveal his secret. Elle s'apprêtait à révéler son secret.
Martin was about to come. Martin était sur le point d'arriver.

• *Will* au prétérit devient ***would.***
– La **construction** des phrases avec l'auxiliaire *would* est la même qu'avec *will.*
I thought she would pay me back. Je pensais qu'elle me rembourserait.
– *Would* a aussi une valeur de conditionnel.
He said he would come. Il a dit qu'il viendrait.

Testez-vous !

Associez la forme en français à la construction en anglais.

1. Il sera en train de dormir dans une heure.
2. Ils se marieront.
3. Son frère pensait qu'elle reviendrait.
4. Elle va échouer à ses examens !
5. Le match va commencer.

a *be about to* + base verbale
b *will be + v-ing*
c *will* + base verbale
d *be going to* + base verbale
e *would* + base verbale

→ Réponses p. 101

RÉVISION EXPRESS

LE MOMENT PRÉSENT

- On emploie l'auxiliaire ***do*** dans les **phrases interrogatives et négatives** lorsque le verbe est **autre que *be*.**
He doesn't like you. Il ne t'aime pas.

À la 3e personne du singulier, le verbe prend un *-s*.

- Pour les **verbes d'une syllabe** suivant le schéma : consonne – voyelle – consonne, la consonne finale est doublée : *run* → *running*.

	Emploi	Exemple
Présent simple	• Caractéristique / vérité générale. • Action habituelle.	*Water boils at 100°c.* L'eau bout à 100°c. *I often watch TV.* Je regarde souvent la télé.
Présent continu (*be* + v-*ing*)	Action qui se déroule au moment où l'on parle.	*Mike is fixing the car.* Mike répare la voiture.

LA RÉFÉRENCE AU PASSÉ

	Emploi	Exemple
Prétérit simple (v-*ed*)	Faits décrits au **passé révolu** sans lien avec le présent.	*He was a doctor.* Il était médecin.
Prétérit continu (*was* / *were* + v-*ing*)	Actions décrites **en cours dans le passé.**	*I was playing with the dog.* Je jouais avec le chien.
***Present perfect* simple** (*have* + v-*en*)	Lien de **cause à effet sur le présent**, on fait un **bilan**. On s'intéresse au **résultat.**	*I have eaten too much!* J'ai trop mangé ! → J'ai mal au ventre.
***Present perfect* continu** (*have* + *been* + v-*ing*)	Activité **en cours dans le passé** et a une **incidence sur le présent**. On s'intéresse au **sujet / objet**.	*She has been waiting for 2 hours.* Elle a attendu 2 heures. → Elle est énervée.
***Past perfect* simple** (*had* + v-*en*)	Activité **en cours dans le passé** qui avait une **incidence sur le passé**. On s'intéresse au **résultat.**	*She had given him a good mark.* Elle lui avait donné une bonne note. → Il était content.
***Past perfect* continu** (*had* + *been* + v-*en*)	Activité **en cours dans le passé** qui avait une **incidence sur le passé**. On s'intéresse au **sujet / objet**.	*We had been working late.* Nous avions travaillé tard. → Nous étions fatigués.

2e colonne des verbes irréguliers.

3e colonne des verbes irréguliers.

LA RÉFÉRENCE À L'AVENIR

Formes	Emploi	Exemples
Futur en *will*		
Will	Événement **certain de se produire.**	*He will be late.* Il sera en retard.
Will be + v-ing	Événement qui sera **en train de se produire** (c'est sûr).	*He will be reading in an hour.* Il sera en train de lire dans une heure.
Présent à valeur de futur		
Be going to + BV	**Décision déjà prise.**	*I'm going to take the train.* Je vais prendre le train.
	Prédiction.	*He's going to lose!* Il va perdre !
Be + v-ing	Événement prévu d'un **point de vue personnel.**	*We are driving you to the station.* On te conduit à la gare.
Be to + BV	Événement **prévu par quelqu'un d'autre**.	*Peter is to visit his sister.* Peter va rendre visite à sa sœur.
Be about to + BV	Événement **sur le point de se produire.**	*My aunt is about to call.* Ma tante va bientôt appeler.
Futur dans le passé		
Be going to + BV *Be to + BV* *Be about to + BV*	– Peuvent s'employer au **passé** en gardant les **mêmes valeurs** qu'au présent. – ***Be* au prétérit.**	*He was going to answer the phone.* Il était prêt à répondre au téléphone.
Would	***Will* au prétérit.**	*I said I would buy a car.* J'ai dit que j'achèterais une voiture.

Testez-vous !

Vrai ou faux ?

1. Au présent continu, l'action se déroule au moment où l'on parle.

☐ vrai ☐ faux

2. Au *present perfect*, les actions sont en lien avec le passé.

☐ vrai ☐ faux

3. Dans la phrase *I have been working hard*, on s'intéresse au résultat.

☐ vrai ☐ faux

4. *I was about to leave* exprime une idée de futur dans le passé.

☐ vrai ☐ faux

→ Réponses p. 101

La référence au passé : construction simple ou v-*ing*

LES RÉFLEXES À AVOIR

- Identifiez la **longueur des actions dans le temps.**
  – *He lost his phone when he was dancing.* Il perdit son téléphone (action **brève : construction simple**) alors qu'il dansait (action **longue : construction v-*ing***).
- Identifiez le **point de vue du sujet** : avec **v-*ing***, le sujet est **observateur** de la scène en cours dans le temps. Avec une **construction simple**, il fait **l'état des lieux** des événements, les faits sont **bruts**.

LES PIÈGES À ÉVITER

- Dans certaines phrases complexes, le sens de la proposition en v-*ing* est **incomplet** lorsqu'elle est employée seule.
  I was cooking when the phone rang. Je cuisinais lorsque le téléphone a sonné.
  → *I was cooking* seul n'est pas suffisant pour comprendre l'intégralité du message.
- Attention à l'emploi des **expressions de durée** : *for* et *since*, par exemple.
  I have lived in Spain for ten years. Je vis en Espagne depuis dix ans.
  I have been waiting since 2 p.m. J'attends depuis 14 heures.

LES ASTUCES DU PROF

- En employant une construction simple, on ne se focalise pas sur le même élément de la phrase qu'avec une construction v-*ing*.
  He had trained a lot. Il s'était beaucoup entraîné.
  → C'est le ***past perfect* simple**, on se concentre sur le **résultat** de cette action : il était prêt pour la compétition.
  He had been training a lot. Il s'était beaucoup entraîné.
  → C'est le ***past perfect* continu**, on s'intéresse à l'**activité** elle-même : à un moment donné, il s'entraînait.

EXEMPLE

Distinguer les constructions simples et v-*ing* au passé

Nancy had arrived in England six months ago, and had invited Victoria to a coffee morning with Philly, a fellow mother at the school where Nancy had recently enrolled her son, Connor. All three women had sons in the same class. [...]

Philly, thought Victoria, would probably describe herself as an old-fashioned Englishwoman from an old established English family. [...]

'So, Nancy, how are you settling into London?' asked Victoria politely.

'Well, I've located the American library, signed on with an American doctor. Of course, the US school was full so we had to put Connor into the local one.'

Nancy was really getting into the English way of life, then. [...]

'Hayden is kinda busy at work. They've been doing a big takeover.'

Adapted from Jane Elizabeth Varley, *Wives and lovers*, Orion, 2003.

Prétérit simple

- L'énonciateur **fait état** de ces événements.
- Il expose **des faits** : les trois femmes avaient des fils dans la même classe. Les écoles américaines étaient complètes.
- Il indique des **actions brèves** : Victoria pensa..., puis elle demanda...

Prétérit continu

- L'action se déroule dans le passé, elle est considérée dans sa durée.
- Elle **était en train** de s'adapter (mais elle n'avait pas encore terminé).

***Present perfect* simple**

- Ce qui importe pour l'énonciateur, c'est le résultat de ces actions : elle a localisé la bibliothèque, elle a rencontré un médecin. Elle pourra lire et être soignée si besoin.

***Present perfect* continu**

- À l'inverse, ce qui importe à l'énonciateur dans ce contexte, c'est l'action elle-même : son mari est très occupé parce qu'il est sur une grosse affaire.

***Past perfect* simple**

- Les **actions** sont **antérieures** aux faits racontés : Nancy était arrivée en Angleterre, elle avait inscrit son fils à l'école et elle avait invité Philly.

La référence au futur : construction en *will* ou présent ?

LES RÉFLEXES À AVOIR

- ***Will*** employé seul renvoie à quelque chose qui est certain de se produire. L'énonciateur **s'engage personnellement.**
  There are many clouds. It will rain. Il y a beaucoup de nuages. Il va pleuvoir.
- ***Will be + v-ing*** indique qu'une action se déroulera dans la durée, dans le futur.
  I'll be driving back home. Je serai en train de rentrer en voiture.
- Lorsqu'on emploie le **présent simple**, ou une expression parmi ***be going to, be to, be about to*** ou ***be + v-ing,*** l'énonciateur est moins impliqué. Les événements sont annoncés de façon **objective.**
  The judges are to talk about the murderer. Les juges vont parler du meurtrier.

LES PIÈGES À ÉVITER

- *Will* n'a **aucun équivalent en français**. Il indique que le groupe verbal qui suit renvoie à l'avenir. Il se traduira par le verbe conjugué au futur.
- Il est **impossible de trouver *will* après la conjonction *when***. On a à la place recours au **présent**.
  You will see when you are older. Tu verras lorsque tu seras plus âgé.

LES ASTUCES DU PROF

- *Will* possède une valeur de **volonté.** Dans la phrase *Will you marry me?* l'énonciateur est certain que l'événement va se produire, **il le veut,** c'est ainsi.
- Pour exprimer l'idée que « Je vois Sally ce soir », on doit utiliser le **présent continu** : *I'm seeing Sally tonight*. Il s'agit d'un événement prévu personnellement.

EXEMPLE

Valeurs des constructions au futur

"I'm coming in a minute mum!" Her daughter yelled.
"Once again, she's going to check her luggage..." Mrs Selton thought. "Hurry up Laura or you'll miss the plane!"
"Don't worry mum, I know what I'm doing. You'll see, in a couple of hours I'll be relaxing in the plane."
"Laura we're running out of time! The plane leaves at 9 and you are to be there at 7!" Mrs Selton complained.
"But I can't find my blue necklace... "
"Your father is about to lose patience, come on! You'll check everything in the car."

Emploi de will

- *You'll miss* : Mrs Selton **affirme** que Laura va manquer l'avion si elle ne se dépêche pas, elle en est **certaine**.
- *You'll see :* Laura **affirme** à sa mère qu'elle verra, dans deux heures, quand elle sera dans l'avion.
- *You'll check* : Mrs Selton prend la décision sur le champ : Laura vérifiera ses bagages plus tard. *Will* a une **valeur temporelle** dans ces deux derniers exemples.

Emploi de will be + v-*ing*

- *I'll be relaxing in the plane* : Laura explique que d'ici deux heures, **elle sera en train de** se reposer dans l'avion, **c'est certain**. L'action est considérée **dans sa durée** dans le futur.

Emploi de *be going to*

- *She's going to check her luggage* : Mrs Selton n'affirme rien, **elle prédit** que sa fille est sur le point de vérifier le contenu de sa valise.

Emploi du présent simple

- *The plane leaves at 9* : l'avion n'est pas encore parti mais il le sera à 9 heures, **comme d'habitude**. Le présent a ici une **valeur de futur.**

Emploi de *be to*

- *You are to be there at 7* : il s'agit ici d'une **décision irrévocable,** prise **indépendamment de la volonté du sujet**. C'est **prévu** ainsi.

Emploi de *be about to*

- *Your father is about to lose patience* : l'action *lose patience* est imminente ; elle n'est ni prévue, ni voulue, mais par des **indices extérieurs**, Mrs Selton **déduit** que son mari est **sur le point de** perdre patience.

Vérification des connaissances

1 Choisissez la bonne réponse.

1. Au présent simple, on parle d'une action :

☐ habituelle ☐ en cours

2. Pour dire que je vois Peter ce soir, je dis :

☐ *I see Peter tonight* ☐ *I'm seeing Peter tonight*

3. Au présent continu, *jump* s'écrit :

☐ *jumpping* ☐ *jumping*

4. Lorsque *be* est dans une affirmative, pour la transformer en négative, il faut :

☐ utiliser *do* ☐ reprendre *be*

5. Au *past perfect* continu, ce qui importe c'est :

☐ l'action ☐ le résultat

6. La forme négative de *will* est :

☐ *want* ☐ *won't*

7. Au passé, *will* :

☐ devient *would* ☐ reste *will*

Exercices d'entraînement

2 Choisissez le groupe verbal qui convient aux énoncés en français.

1. Regarde, tu as encore abîmé tes chaussures !

☐ you damaged ☐ you have damaged

2. Es-tu allé aux États-Unis cette année ?

☐ did you go ☐ have you been

3. Je l'ai vue hier.

☐ I have seen ☐ I saw

4. Elle a déjà nagé avec les dauphins.

☐ she has already swum ☐ she already swam

3 Complétez par le prétérit simple ou continu.

1. When I … him (see), I … baseball (play).

2. She … so beautiful (be)!

3. No, we … (not lie) when we … (say) that he … (not come).

4. I … Mike with the car (help) when they … the accident (have).

4 Complétez par le *present perfect* simple ou continu.

1. You … for two hours (drive), you are tired!

2. … you … (cook)? It smells nice!

3. He … (run), he perspires (= transpirer).

4. … she … her homework (finish)?

5 Complétez avec le *present perfect* simple ou le prétérit.

1. Then, Jane … (think) she … her phone (forget).

2. Alice … me (tell) that she … History (study).

3. I … (not remember) we … such good friends (be)!

4. At 30 years, Julia … (never work).

6 Complétez par *will, be going to* ou par le présent.

1. What …you … tonight (eat)?

2. Look at his marks! He … the year (repeat).

3. When I … children (have), I … strict (be).

4. What time … the train …? It … at 9.00 (leave).

Sujet de BAC

Mythes et héros – Espaces et échanges – D'après Amérique du Sud, nov. 2009

Doc. **A Heroic Past**

The scene is set in the West of the United States, at the beginning of the twentieth century.

Jody turned and started down past the house toward the old haystack ground to look over the field of slaughter, but Billy Buck, sitting patiently on the back steps, called to him, "You better come back. It's only a couple of minutes till breakfast."

Then his mother came out on the back porch and struck the triangle, and all thoughts fell in a heap.

Grandfather hadn't appeared at the table when they sat down. Billy nodded at his empty chair. "He's all right? He isn't sick?"

"He takes a long time to dress," said Mrs Tiflin. "He combs his whiskers and rubs up his shoes and brushes his clothes."

Carl scattered sugar on his mush. "A man that's led a wagon trail across the plains has got to be pretty careful how he dresses."

Mrs Tiflin turned on him. "Don't do that, Carl! Please don't!" There was more of threat than of request in her tone. And the threat irritated Carl.

"Well, how many times do I have to listen to the story of the iron plates, and the thirty-five horses? Why can't he forget it, now it's done?" He grew angrier while he talked, and his voice rose. "Why does he have to tell them over and over? He came across the plains. All right! Now it's finished. Nobody wants to hear about it over and over."

The door into the kitchen closed softly. The four at the table sat frozen. Carl laid his mush spoon on the table and touched his chin with his fingers.

Then the kitchen door opened and Grandfather walked in. His mouth smiled tightly and his eyes were squinted. "Good morning," he said, and he sat down and looked at his mush dish.

Carl could not leave it there. "Did-did you hear what I said?"

Grandfather jerked a little nod.

"I don't know what got into me, sir. I didn't mean it. I was just being funny."

Jody glanced in shame at his mother, and he saw that she was looking at Carl, and that she wasn't breathing. It was an awful thing that he was doing. He was tearing himself to pieces to talk like that. It was a terrible thing to him to retract a word, but to retract it in shame was infinitely worse.

Grandfather looked sidewise. "I'm trying to get right side up," he said gently. "I'm not being mad. I don't mind what you said, but it might be true, and I would mind that."

"It isn't true," said Carl. "I'm not feeling well this morning. I'm sorry I said it."

"Don't be sorry, Carl. An old man doesn't see things sometimes. Maybe you're right. The crossing is finished. Maybe it should be forgotten, now it's done."

Carl got up from the table. "I've had enough to eat. I'm going to work. Take your time Billy!" But Jody could not leave his chair.

"Won't you tell any more stories?" Jody asked.

"Why, sure I'll tell them, but only when I'm sure people want to hear them."

"I like to hear them, sir."

"Oh! Of course you do, but you're a little boy. It was a job for men, but only little boys like to hear about it."

He examined his strong old hands. "I feel as though the crossing wasn't worth doing. I tell those old stories, but they're not what I want to tell. I only know how I want people to feel when I tell them.

"It wasn't Indians that were important, nor adventures, nor even getting out here. It was a whole bunch of people made into one big crawling beast. And I was the head. It was westering and westering. Every man wanted something for himself, but the big beast that was all of them wanted only westering. I was the leader, but if I hadn't been there, someone else would have been the head. The thing had to have a head.

"When we saw the mountains at last, we cried – all of us. But it wasn't getting here that mattered, it was movement and westering.

"We carried life out here and set it down the way those ants carry eggs. And I was the leader. The westering was as big as God, and the slow steps that made the movement piled up and piled up until the continent was crossed. Then we came to the sea, and it was done. That's what I should be telling instead of stories."

When Jody spoke, Grandfather started and looked down at him. "Maybe I could lead the people some day", Jody said. The old man smiled. "There's no place to go. There's the ocean to stop you. There's a line of old men along the shore hating the ocean because it stopped them."

Adapted from John Steinbeck, *The Leader of the People*, 1943

COMPRÉHENSION DE L'ÉCRIT

1 Where does the scene take place? Choose the correct answer and quote the text to justify your answer:

a. in a big city;

b. on a farm;

c. in a factory.

2 What time of the day does the scene take place? Justify your answer by quoting the text.

3 **Indicate how the characters are related to each other. Match elements from columns 1 and 3 and make five sentences, using either "is" or "must be".**

1	2	3
Jody	is/must be	Mrs Tiflin's father
Billy Buck	is/must be	Mrs Tiflin's son
Mrs Tiflin	is/must be	a farmhand
Carl	is/must be	Jody's mother
Grandfather	is/must be	Jody's father

4 **Say who the underlined pronouns and adjectives refer to:**

a. Line 5: "<u>his</u> mother";

b. Line 8: "<u>He</u>'s all right?";

c. Line 13: "Mrs Tiflin turned on <u>him</u>";

d. Line 14: "A request in <u>her</u> tone".

5 **Choose two adjectives which describe Carl's feelings toward Grandfather. Explain each choice in about 10 to 15 words.**
admiring – fed up – respectful – ironic – understanding

6 **Explain in your own words why "the four at the table sat frozen" (l. 20)** *(30 words).*

7 **Explain how Carl feels when Grandfather enters the kitchen** *(30 words)*.

8 **How does Carl react at that moment?** *(20 words)*

9 **Why can it be said that the grandfather is very understanding?** *(20 words)*

10 **In what way is Jody's reaction different from Carl's as far as Grandfather is concerned?** *(20 words)*

11 **Grandfather mentions "westering" several times. Explain in your own words what this term refers to** *(30 words)*.

12 **"There's a line of old men along the shore hating the ocean because it stopped them." Explain in your own words** *(40 words)*.

EXPRESSION ÉCRITE

Later that night, Carl and Jody are talking about Grandfather. You will write down their conversation and express their disagreement.

Testez-vous !

p. 85

1. Vrai **2. Faux** → C'est un auxiliaire.
3. Faux → *eating*. **4. Faux** → On garde *be* lorsqu'il est dans la phrase affirmative. **5. Vrai**

Remarque
2. C'est le présent continu.

p. 89

1. b **2. c** **3. e** **4. d** **5. a**

p. 91

1. Vrai **2. Faux** **3. Faux** **4. Vrai**

Vérification des connaissances

1

1. habituelle **2.** I'm seeing Peter **3.** jumping
4. on reprend *be* **5.** l'action **6.** won't
7. devient *would*

Rappel
3. Il s'agit des verbes d'une syllabe suivant le schéma consonne – voyelle – consonne

Exercices d'entraînement

2

1. you have damaged **2.** have you been
3. I saw **4.** She has already swum

3

1. saw / was playing **2.** was
3. were not lying / said / didn't come
4. was helping / had

Rappel
1. Avec *when*, il est fréquent qu'une action brève vienne interrompre une action longue.

4

1. have been driving **2.** have you been cooking
3. has been running **4.** has she finished

5

1. thought / had forgotten
2. told / had studied
3. did not remember / had been
4. had never worked

6

1. are you going to eat
2. is going to repeat
3. have / will be
4. does the train leave / leaves

Sujet de BAC

COMPRÉHENSION DE L'ÉCRIT

1 **b.** The scene takes place on a farm (l. 1: "the old haystack").

2 The scene takes place in the morning (l. 3-4: "It's only a couple of minutes till breakfast").

3 Jody **is** Mrs Tiflin's son.
Billy Buck **must be** a farmhand.
Mrs Tiflin **is** Jody's mother.
Carl **is** Jody's father.
Grandfather **must be** Mrs Tiflin's father.

> **Piège à éviter**
> N'utilisez *is* qu'en cas de certitude absolue.

4 **a.** "His" refers to Jody.
b. "He" refers to Grandfather.
c. "him" refers to Carl.
d. "her" refers to Mrs Tiflin.

5 Carl can be said to be **fed up** with hearing Grandfather telling the same old stories again and again. He is also **ironic** when he makes fun of Grandfather's habit of dressing up for breakfast.

6 When they hear the kitchen door closing, everyone realizes that Grandfather has heard Carl's words. They expect him to be furious and dread his reaction. They don't dare to move or even breathe, in anxious anticipation of what may happen.

7 Carl is remorseful: he wishes he hadn't said those harsh words. He regrets his disrespectful attitude, not so much because it may have hurt Grandfather as because he is afraid of the old man's reaction.

8 Carl doesn't dare to stand up to Grandfather. He doesn't assume his words and behaves cowardly: he claims that he didn't mean what he said, that he was just joking.

9 Grandfather can be said to be understanding insofar as he doesn't get angry. Against all odds, he speaks gently and doesn't tell Carl off. He even admits that Carl may be right.

10 Jody's reaction differs from Carl's inasmuch as the little boy wishes his grandfather would tell more old stories, while Carl can't bear hearing them anymore.

11 "Westering" refers to the urge some men felt to go westward, to push the American Frontier, until they eventually reached the Pacific Ocean; they marched across miles of unchartered territory in the Wild West, eager to make their dream come true.

12 There seems to be some bitterness in the word "hated". It sounds as if the grandfather believed that the ocean had been a real insuperable obstacle to any further opportunity for the population to quench their desire for adventure and discoveries.

EXPRESSION ÉCRITE

Les mots et expressions en gras peuvent s'avérer particulièrement utiles pour ce type de sujets.

In the evening Jody felt he had to talk his father into showing more respect towards Grandfather. He **summoned up** his courage and went to see his father.
"I don't understand, Father. How dare you speak about Grandfather like that?" he ventured **reproachfully.**
"**The nerve!** Who are *you* to tell me what I should do?" Carl replied **darting** a furious **glance** at his son. "It's no use crying over spilt milk anyway. And after all, I did apologize, **didn't I?**"
"You did, but still: Grandfather must have felt **offended** because he was so **melancholy** afterwards and I was so embarrassed and ashamed! You know, I'm always so happy to hear those fascinating stories about his leading a wagon trail across the plains…"
"Don't you mind hearing the same tale over and over again? I can't stand it anymore! It's high time he looked ahead of him. Why not turn the page **once and for all?**"
"What if *you* had taken part in such an Event? You'd like to let people know about it, **wouldn't you?** Grandfather is a hero. I'd love to be a leader too! Without him some people might have given up. He deserves our admiration!" Jody asserted. Carl was silent for a while, looking at his son **in dismay**. Jody felt he was gaining ground. He took another chance: "Please, stop **speaking ill of** him, **will you?** Mom always feels so miserable when you are angry with him: she says you're breaking his heart."
"All right, son. I'll try… "

Gagnez des points !
Pensez à utiliser des *question tags* pour rendre votre dialogue plus vivant et authentique !

CHAPITRE 5

Modaux et groupe verbal

1 Les différents auxiliaires modaux

1 Construction

- Les modaux sont invariables et suivis d'une base verbale (BV).
- Affirmation : **Sujet + modal + BV + complément.**

He can do it ! Il peut le faire !

> Les modaux sont invariables : pas de « s » à la 3e personne du singulier au présent.

- Négation : **Sujet + modal + *not* + BV + complément.**

You must not / mustn't touch this. Tu ne dois pas toucher à ça.

- Interrogation : **(*Wh*-) + modal + sujet + BV + (complément) + ?**

What can we do about it? Que peut-on y faire ?

2 *Can, be able to* et *be allowed to*

> Au prétérit, on utilise sa forme passée : *could*.

- ***Can*** peut exprimer la **capacité** ou la **possibilité**. Au futur ou aux *perfects*, on le remplace par ***be able to*** (être capable de).

Jason can speak Japanese and he can swim very well. Jason parle japonais et il nage très bien.

In a year, he will be able so speak Chinese too. Dans un an, il saura aussi parler chinois.

- ***Can*** peut aussi exprimer la **permission**. Dans ce cas, au futur ou aux *perfects*, on le remplace par ***be allowed to*** (être autorisé à).

You can watch TV. Tu peux regarder la télé.

No Steve, you will not be allowed to go out. Non, Steve, tu ne pourras pas sortir.

> *Can* est alors équivalent à *may* (plus formel). *You may watch TV.*

3 *Must, have to* et *be forbidden to*

- ***Must*** indique une **obligation** qui vient d'une personne.

I must wash the car. Je dois laver la voiture. → Parce que je la trouve sale.

- Dans les questions, au passé et au futur, *must* est remplacé par ***have to***.

Did you really have to do this? Tu étais vraiment obligé de faire ça ?

- On trouve aussi *have to* au présent. Il indique une obligation liée aux circonstances extérieures.
I have to wash the car. Je dois laver la voiture. → Parce qu'un acheteur vient la voir demain.

- À la forme négative, *have to* fonctionne avec un auxiliaire ; il exprime l'absence d'obligation.
We don't have to go! Nous ne sommes pas obligés d'y aller !

- Pour une interdiction passée ou future, *mustn't* est remplacé par ***be forbidden to***.
I was forbidden to speak. Je n'avais pas le droit / Il m'était interdit de parler.

Should est la forme passée de *shall*.

4 *Should* et *ought to*

- ***Should*** exprime le **conseil** ou le **jugement** en fonction d'un avis personnel.
You should read this book. Tu devrais lire ce livre. → À mon avis, c'est un bon livre.

- ***Ought to*** exprime le **conseil** en fonction des circonstances.
You ought to read this book. Tu devrais lire ce livre. → Il contient toutes les informations que tu cherches.

- Les conseils donnés avec *should* et *ought to* peuvent concerner le présent et le futur.
You should / ought to work harder. Tu devrais travailler plus dur. → Maintenant et à l'avenir.

- Au passé, *should* et *ought to* doivent être suivis d'un infinitif passé : *have* + participe passé.
He should / ought to have stopped smoking a long time ago. Il aurait dû arrêter de fumer il y a longtemps.

- Dans une interro-négative, *should* permet de suggérer tout en donnant son avis.
Shouldn't you stop smoking ? Tu ne devrais pas t'arrêter de fumer ?

Testez-vous !

Cochez la bonne réponse.

1. How high … you jump?
[a] can [b] may [c] are you allowed to

2. OK, you … go out.
[a] should [b] may [c] are able to

3. Next year, they … count.
[a] can [b] will be allowed to
[c] will be able to

4. Sorry, they … save him.
[a] shouldn't have to
[b] haven't been able to
[c] haven't been allowed to

5. You didn't do your homework so you … watch TV.
[a] mustn't [b] couldn't
[c] are not able to

→ Réponses p. 119

2 Les modaux et les probabilités

1 Certitude (probabilité de 100 %)

• Dans ce cas, il est possible de n'utiliser **aucun modal** : on relate un fait.
It's him ! C'est lui.

• Si l'on veut insister sur la certitude, on utilise ***will***.
It will work. Ça marchera. → J'en suis sûr.

2 Très forte probabilité (90 %)

• On utilise ***must***.
It must be him. Ça doit être lui.

• On peut aussi utiliser ***have to*** avec un sens plus restrictif : il n'y a pas d'autre possibilité.
It has to be him! Ça ne peut être que lui !

• Pour une probabilité sur un fait passé, on utilise *must* suivi d'un infinitif passé (*have* + participe passé).
I must have left my wallet at home. J'ai dû laisser mon portefeuille à la maison.

3 Forte probabilité (plus de 50 %)

• On utilise ***should*** ou ***ought to***.
He should succeed. / He ought to succeed. Il devrait réussir.

• *Should* et *ought to* ne peuvent pas être utilisés pour parler de la probabilité d'un fait passé.
He should have succeeded. / He ought to have succeeded. Il aurait dû réussir. → La phrase ne formule pas de probabilité, mais dit implicitement qu'il n'a pas réussi.

4 Probabilité moyenne (50 %)

• On utilise ***may***.
It may be him. C'est peut-être lui.

• Pour une probabilité sur un fait passé, *may* est suivi d'un infinitif passé.
I may have left my wallet at home. J'ai peut-être laissé mon portefeuille à la maison.

5 Probabilité faible (30 %)

• On utilise ***could*** (prétérit de *can*) ou ***might*** (prétérit de *may*). La probabilité exprimée par *could* est légèrement supérieure à celle exprimée par *might*.
It could be him. / It might be him. Ça pourrait être lui.

• Pour une probabilité sur un fait passé, *could* et *might* sont suivis d'un infinitif passé.
I could have left my wallet at home. / I might have left my wallet at home. Je pourrais avoir laissé mon portefeuille à la maison.

6 Impossibilité

• On utilise ***can't*** pour exprimer l'impossibilité. On est en fait certain à 100 % que la chose que l'on envisage n'est pas possible.
It can't be him. Ça ne peut pas être lui.

• Pour exprimer l'impossibilité d'un fait passé, *can't* est suivi d'un infinitif passé.
I can't have left my wallet at home. Je ne peux pas avoir laissé mon portefeuille à la maison.

Testez-vous !

Quelle est la probabilité de ces différents événements ?

1. He can't be right!
[a] impossible [b] faible [c] moyenne

2. Jack should be home by now.
[a] faible [b] moyenne [c] forte

3. Sam will speak to Lucy.
[a] forte [b] très forte [c] certitude

4. Ashlin might be absent today.
[a] impossible [b] faible [c] moyenne

5. He must have forgotten.
[a] forte [b] très forte [c] certitude

→ Réponses p. 119

3 V *-ing*, base verbale ou infinitif ?

1 V *-ing* (le gérondif / nom verbal)

- Il s'emploie après les **verbes et expressions de goût** : *love, enjoy, be keen on, be fond of, like, dislike, hate, loathe.*

I love surfing the web. J'adore surfer sur Internet.

- Après *how about* et *what about*, **il suggère quelque chose**.

What about going to the cinema? Et si on allait au cinéma ?

- Il peut s'employer comme nom, pour **désigner une activité**.

Surfing the web is my favourite pastime. Surfer sur Internet est mon passe-temps favori.

- Après les verbes de perception, on l'utilise quand on perçoit **une action en train de se dérouler** (pas en entier). Si le sujet perçu est un pronom, il apparaît sous la forme d'un pronom complément.

I saw Bob/him leaving. J'ai vu Bob / Je l'ai vu en train de partir.

2 La base verbale

- La base verbale (l'infinitif sans *to)* s'utilise dans les négations ou les questions au présent ou au prétérit simples. Seul l'auxiliaire *do* porte les conjugaisons ; le verbe reste à la base verbale.

Sean doesn't work on Thursdays. Sean ne travaille pas le jeudi.
What did you do yesterday? Qu'as-tu fait hier ?

- On l'utilise aussi après les auxiliaires modaux et les expressions modales.

In England, they can't wear piercings at school. En Angleterre, ils ne peuvent pas avoir de piercings à l'école.

- La base verbale s'utilise également après les verbes de perception, quand une action est perçue dans son intégralité. Si le sujet perçu est un pronom, il apparaît sous la forme d'un pronom complément.

I saw Bob/him cross the street. J'ai vu Bob / Je l'ai vu traverser la rue.

- Après *why not* et *why don't* + sujet, on l'emploie pour suggérer quelque chose.

Why not go / Why don't we go to the cinema? Pourquoi ne pas aller au cinéma ?

- Elle s'utilise encore quand on fait faire quelque chose à quelqu'un, avec le verbe *make,* ou quand on le laisse faire, avec le verbe *let*. Si le sujet obligé ou laissé libre est un pronom, il apparaît sous la forme d'un pronom complément.

The policeman made Tom and Mary stop. Le policier a fait s'arrêter Tom et Mary.
He let them go. Il les a laissés partir.

3 L'infinitif

- L'infinitif s'emploie après des verbes exprimant **la volonté, l'accord, le désaccord ou l'espoir** : *agree, choose, decide, expect, hope, refuse, want*, et après *seem* (sembler).
Rosa Parks refused to stand up. Rosa Parks a refusé de se lever.

- Il s'emploie aussi après des verbes exprimant **l'ordre, le conseil, l'influence** sur autrui : *advise, allow, forbid, force, invite, oblige, teach, tell, warn.* Dans ce cas, le sujet influencé précède l'infinitif. Si c'est un pronom, il apparaît sous la forme d'un pronom complément.
He told Liz/her to go. Il a dit à Liz / Il lui a dit de partir.

4 Les cinq infinitifs

Infinitif	Exemples
Infinitif affirmatif : *to* + **BV**	*I want* ***to see*** *Mum.* Je veux voir Maman.
Infinitif négatif : *not to* + **BV**	***Not to go*** *would be stupid.* Ce serait stupide de ne pas y aller.
Infinitif passé : *have* + **part. passé**	*I should* ***have stopped***. J'aurais dû arrêter.
Infinitif continu : (*to*) + *be* + **V-*ing***	*I'll* ***be waiting***. Je t'attendrai.
Infinitif passif : (*to*) + *be* + **part. passé**	*She doesn't want* ***to be disturbed***. Elle ne veut pas être dérangée.

Testez-vous !

Cochez la bonne réponse.

1. I love … the guitar.
[a] play [b] to play [c] playing

2. How about … the new Coldplay album?
[a] buying [b] buy [c] to buy

3. I heard them … about it.
[a] to speak [b] speaking [c] speak

4. He obliged her … her homework.
[a] doing [b] do [c] to do

5. The police let us …
[a] going [b] to go [c] go

→ Réponses p. 119

RÉVISION EXPRESS

LA CAPACITÉ/POSSIBILITÉ

Temps	Expression/Auxiliaire	Exemples
Pluperfect	*be able to*	*She had been able to score.* Elle avait pu marquer.
Present Perfect	*be able to*	*She has been able to score.* Elle a pu marquer.
Prétérit	*could / be able to*	*She could / was able to score.* Elle a pu/ pouvait marquer.
Présent	*can*	*She can score.* Elle peut marquer.
Futur	*be able to*	*She will be able to score.* Elle pourra marquer.

LA PERMISSION

Temps	Expression/Auxiliaire	Exemples
Pluperfect	*be allowed to*	*He had been allowed to speak.* Il avait pu / Il avait été autorisé à parler.
Present Perfect	*be allowed to*	*He has been allowed to speak.* Il a pu / Il a été autorisé à parler.
Prétérit	*could / be allowed to*	*He could / was allowed to speak.* Il a pu / Il a été autorisé à parler.
Présent	*can / may*	*He can/may speak.* Il peut parler.
Futur	*be allowed to*	*He will be allowed to speak.* Il pourra/sera autorisé à parler.

L'OBLIGATION

Temps	Expression/Auxiliaire	Exemples
Pluperfect	*have to*	*She had had to wait.* Elle avait dû attendre.
Present Perfect	*have to*	*She has had to wait.* Elle a dû attendre.
Prétérit	*have to*	*She had to wait.* Elle a dû / Elle devait attendre.
Présent	*must / have to*	*She must / She has to wait.* Elle doit attendre.
Futur	*have to*	*She will have to wait.* Elle devra attendre.

L'ABSENCE D'OBLIGATION

Temps	Expression/Auxiliaire	Exemples
Pluperfect	*not have to*	*I hadn't had to get up.* Je n'avais pas eu à me lever.
Present Perfect	*not have to*	*I haven't had to get up.* Je n'ai pas eu à me lever.
Prétérit	*not have to*	*I didn't have to get up.* Je n'ai pas eu / Je n'avais pas à me lever.
Présent	*not have to*	*I don't have to get up.* Je n'ai pas à me lever.
Futur	*not have to*	*I won't have to get up.* Je n'aurai pas à me lever.

CONSEILLER

Temps	Expression/Auxiliaire	Exemples
Passé	*should / ought to* + infinitif passé	*She should have listened / She ought to have listened.* Elle aurait dû écouter.
Présent **Futur**	*should / ought to*	*She should listen / She ought to listen.* Elle devrait écouter.

DÉCONSEILLER

Temps	Expression/Auxiliaire	Exemples
Passé	*shouldn't / oughtn't to* + infinitif passé	*She shouldn't have watched / She oughtn't to have watched.* Elle n'aurait pas dû regarder.
Présent **Futur**	*shouldn't / oughtn't to*	*She shouldn't watch / She oughtn't to watch.* Elle ne devrait pas regarder.

Testez-vous !

Correct ou incorrect ?

1. He will be able to pass.
a correct   b incorrect

2. You shouldn't have gone to school.
a correct   b incorrect

3. Sam will should speak to Lucy.
a correct   b incorrect

4. We ought to left earlier.
a correct   b incorrect

→ Réponses p. 119

Choisir la bonne forme verbale

LES RÉFLEXES À AVOIR

- Utilisez **V-*ing*** après les verbes de goût, de perception (*see, hear, feel, smell*), de début (*start, begin*), de continuation (*keep, continue*), de fin (*stop, finish*) et après les suggestions *how about* et *what about*.
- Utilisez la **base verbale** après les auxiliaires, les modaux, les verbes de perception et après *make* et *let* pour indiquer que l'on fait faire ou laisse faire quelque chose à quelqu'un.
- Utilisez **l'infinitif** après les verbes de volonté (*want*), d'accord/désaccord (*agree/disagree*), d'espoir (*hope, expect*), d'ordre (*order, command*), de conseil (*advise*), de tentative (*try*), de succès (*succeed, manage*) et d'échec (*fail*).

LES PIÈGES À ÉVITER

- On utilise to + V-*ing* avec les deux expressions *be used to* (être habitué à, avoir l'habitude de) et *look forward to* (avoir hâte de).
  I am used to waiting. J'ai l'habitude d'attendre.
  I look forward to seeing you. J'ai hâte de te voir.

LES ASTUCES DU PROF

- Les deux formes peuvent être utilisées comme des sujets. V-*ing* indique une action réalisée ou en cours, l'infinitif, une action possible, une supposition.
  Jumping was very courageous. Sauter était très courageux. → Le saut a été fait.
  To jump would be stupid. Il serait stupide de sauter. → Le saut n'a pas encore été fait.

DU FRANÇAIS À L'ANGLAIS

- Parler des déplacements nécessite parfois l'association de plusieurs verbes en français. Ces associations sont souvent difficiles à traduire.
  Ex. : L'oiseau entra dans la pièce en volant. → entra : déplacement, en volant : manière.
  The bird flew into the room. → flew : manière, into : déplacement.
  En anglais, le verbe indique la manière, et la préposition indique le déplacement.

EXEMPLE

Associer plusieurs verbes

He felt the bump, [...] it came from behind [...]. He looked in the rear-view mirror. A blue Honda Civic, the driver climbing out. [...] Ray got out of the car and walked round to the back bumper to inspect the damage. The Honda driver started yelling at him [...]. Ray adopted a neutral stance, a neutral expression, but then he heard the crowd give a little collective 'Ahh' of horror and he registered the baseball bat that had suddenly appeared in the guy's hand out of nowhere. [...]

When he was able to think again he was sprawled on the street, holding the side of his head where the guy had cracked him. [...] He tried, unsuccessfully, to struggle to his feet but managed only to get to a kneeling position [...].

Il sentit l'impact, [...] il venait de l'arrière [...]. Il regarda dans son rétroviseur. Une Honda Civic bleue, le conducteur en descendait. [...] Ray sortit de la voiture et fit le tour jusqu'au pare-choc arrière pour inspecter les dommages. Le conducteur de la Honda commença à lui hurler dessus. [...] Ray adopta une pose neutre, une expression neutre mais alors il entendit la foule pousser collectivement un petit « Ahh » d'horreur et remarqua la batte de baseball qui venait subitement d'apparaître dans la main du gars, comme sortie de nulle part.

Quand il fut de nouveau capable de penser, il était étalé sur le pavé, se tenant le côté de la tête où le gars l'avait cogné. [...] Il essaya, sans succès, de se relever mais parvint seulement à se mettre à genoux.

Kate Atkinson, One good turn, a jolly murder mystery, Ed. Doubleday, 2006.

- V-*ing* : *The Honda driver started yelling*

Il suit ici un verbe indiquant le début (*start*). Si le conducteur avait continué à hurler, on aurait eu *kept yelling ;* lorsqu'il se serait arrêté, on aurait eu *stopped yelling*.

- Infinitif : *He tried, unsuccessfully, to struggle, managed only to get*

Try et *manage* sont des verbes exprimant respectivement la tentative et le succès, ils sont donc suivis d'un infinitif.

- Base verbale : *he heard the crowd give*

Heard est un verbe de perception ; *give* à la base verbale indique que Ray a entendu le « *Ahh* » de la foule en entier. Si Ray avait reçu le coup de batte de baseball avant la fin du cri, on aurait pu lire *He heard the crowd giving a little collective 'Ahh'*.

Vérification des connaissances

1 Cochez la bonne réponse.

1. My parents punished me so I … to go to Sam's party.

☐ mustn't ☐ can't ☐ am not allowed ☐ couldn't

2. Yes officer, I saw the suspect … out of the bank.

☐ to run ☐ run ☐ running ☐ to running

3. Finally, the police let them … .

☐ go ☐ going ☐ to go ☐ to going

4. Sean is really looking forward … with his friends.

☐ camp ☐ camping ☐ to camp ☐ to camping

5. It … be him, he has an alibi.

☐ must ☐ mustn't ☐ can ☐ can't

Exercices d'entraînement

2 Complétez ces phrases pour exprimer la valeur entre parenthèses.

1. We … go or we will miss the train. (obligation)

2. You … smoke so much. (conseil)

3. It … be her! (probabilité très forte)

4. You … go if you're finished. (autorisation)

5. You … be right but I'm really not sure. (probabilité faible)

3 Mettez ces phrases au temps indiqué entre parenthèses.

1. She can go to Harvard. (present perfect)

2. You may go out. (futur)

3. He doesn't have to do this! (prétérit)

4. Tom must make more efforts. (futur)

5. Helen should be more careful. (passé)

4 Mettez les verbes entre parenthèses à la forme qui convient.

1. How about (watch) Sherlock Holmes II?

2. Their teacher makes them (work) really hard, he wants them (succeed).

3. She heard Jerry (speak) about Mary on the phone.

4. I hope (see) you again next year.

5. No! I refuse (let) Sam (drive), he is crazy!

5 Traduisez les phrases suivantes.

1. « Peux-tu venir à ma fête ? » « Oui, mes parents me laissent venir ! J'ai vraiment hâte d'y être ! »

2. J'ai vu trois hommes sortir de la banque en courant, monter dans une voiture et partir. C'était sûrement des gangsters.

3. Arrête de rêver ! Papa ne te laissera jamais conduire sa Porsche !

4. Je veux que tu fasses ton exercice de maths, ensuite, finis d'écrire ta dissertation et après tu pourras regarder la télé.

Sujet de BAC

Lieux et formes du pouvoir – Sujet inédit

Doc. 1 "You cant't teach here!"

"I am a teacher and I understand this is the place at which I should present myself for a position in that particular profession." Through the woman's warm smile I detected a little confusion. […]

"Did you say you are a teacher?"

"I am," I said. My own smile was causing me some pain behind my ears but still I endeavoured to respond correctly. I handed her the two letters of recommendation which I had taken from my bag in anticipation of their requirement. She politely held out her slim hand, took them, then indicated for me to sit. However, instead of studying the letters she merely held them in her hand without even glancing at their contents.

"What are these?" she asked with a little laugh ruffling up the words.

"These are my letters of recommendation. One you will see is from the headmaster at –"

Interrupting me, her lips relaxed for just a moment before taking up a smile once more, "Where are you from?" she asked. The letters were still held in mid-air where I had placed them. "I am from Jamaica," I told her.

She was silent, we both grinning on each other in a genteel way. I thought to bring her attention back to the letters. "One of the letters I have given you is from my last post. Written by the headmaster himself. You will see that—"

But once more she interrupted me: "Where?"

I wondered if it would be impolite to tell this beguiling woman to read the letter in her hand so all her questions might be answered. I concluded it would. "At Half Way Tree Parish School," I told her.

"Where's that?"

"In Kingston, Jamaica."

"Well, I'm afraid you can't teach here," and passed the unopened letters back to me. [...]

"The letters don't matter," she told me. "You can't teach in this country. You're not qualified to teach here in England."

"But..." was the only sound that came from me.

Abridged and adapted from *Small Island*, by Andrea Levy, 2004

Doc. 2 **"That's not fair"**

"Allen? Are you deaf, or are you simply on a different astral plane this morning?"

I poked my head out of my cubicle. All around me my coworkers were staring straight ahead at their terminals – a habit we all fell into whenever Rubinek decided to berate someone, out of fear that he might catch our eye and turn his poisonous attention to us.

"I didn't hear the question, Burt," I said.

"So you are deaf."

"I was just preoccupied with – "

"I WILL REPEAT THE QUESTION ONCE AGAIN: What time is designated as start of business in this company?"

"Eight-thirty," I said quietly.

"Very good. Very good. Eight-three-oh. We are at our desks at eight-thirty, ready to make our first calls at eight-forty-five. And what time did you walk in this morning?"

"Around eight-thirty."

"Wrong! You arrived here at eight-thirty-six. How many minutes late were you?"

"There was a delay in the subway. Someone jumped under a train at Thirty-fourth Street. I think he used to work here." […]

He approached my cubicle and lowered his voice to a near whisper.

"A comedian, huh?"

"I was just trying to lighten things up, Burt."

"My name is Mr Rubinek. You were six minutes late this morning. And you were insubordinate. […] Eighteen units by close of business tomorrow, or you're out of here."

"That's not fair and you know it," I said.

He gave me a wall-to-wall smirk. "You're right. It's not fair. I do know it. And I don't care."

Abridged from *The Job*, by Douglas Kennedy, 1998

COMPRÉHENSION DE L'ÉCRIT

1 Doc.1. What do you learn about the narrator: occupation, country of origin and sex?

2 Doc.1. In what country does the scene take place?

3 Doc.1. "I understand this is the place at which I should present myself for a position in that particular profession." (l. 1-2).

a. In the excerpt, "the place" is not described in detail. What could the underlined words refer to?

b. Explain what the narrator has come there for.

4 Doc.1. "I handed her the two letters of recommendation..." (l. 5-6).

Who does the underlined pronoun refer to? Suggest what that character's status or job may be.

5 Doc.1. What does the narrator expect the other character to do with the letters?

6 Doc.1. What does the narrator feel these letters prove?

7 Doc.1. ""But…" was the only sound that came from me." (l. 30).

Analyse how the character is probably feeling at this particular moment *(30 words)*.

8 Doc.2. Where does the scene take place? Who are the characters and how are they related?

9 Doc.2. What is the topic of their conversation?

10 **Doc.2. From the following list write down three adjectives which best describe Mr Rubinek and quote the text to justify each of your choices.**

a. bossy
b. friendly
c. understanding
d. bad-tempered
e. unsympathetic
f. broadminded

11 **Doc.2. At the end of the text what does Mr Rubinek threaten to do? What is the purpose of that warning?**

12 **Find the common points between Mr Rubinek in document 2 and one of the characters in document 1** *(40 words).*

EXPRESSION ÉCRITE

Les candidats en LV2 *traiteront uniquement* ***le sujet 1*** *(250 mots).*
Les candidats en LV1 *traiteront* ***le sujet 1*** *(150 mots)* ***et le sujet 2*** *(150 mots).*

1 **Two of the narrator's colleagues, from doc. 2, talk about their impressions and feelings after the incident. Write their conversation.**

2 **According to you, what are the qualities required to be a good employee? Give examples to illustrate your point of view.**

Testez-vous !

p. 105

1. a **2.** b **3.** c **4.** b **5.** a

p. 107

1. a **2.** c **3.** c **4.** b **5.** b

p. 109

1. c **2.** a **3.** b ou c **4.** c **5.** c

p. 111

1. a **2.** a **3.** **b**, version correcte : *Sam will have to speak to Lucy.* **4.** **b**, version correcte : *We ought to have left earlier.*

Rappel

3. Avec *speak*, la conversation est perçue en entier, seulement en partie avec *speaking*.

L'astuce du prof

3 . Deux modaux ne peuvent pas fonctionner ensemble.

Vérification des connaissances

1

1. am not allowed **2.** run ou running
3. go **4.** to camping **5.** can't

Rappel

2. Avec *run*, le témoin a vu l'action en entier, seulement en partie avec *running*.

Gagnez des points

4. *Look forward* et *be used* sont suivis de *to* + V-*ing*.

Exercices d'entraînement

2

1. We **must/have to go** or we will miss the train. (obligation)
2. You **shouldn't / oughtn't to** smoke so much. (conseil)
3. It **must** be her! (probabilité très forte)
4. You **can/may** go if you're finished. (autorisation)
5. You **could/might** be right but I'm really not sure. (probabilité faible)

Rappel

2. *Should* conseille en fonction d'un avis (fumer est nocif), *ought to* en fonction des circonstances (la personne a une bronchite).

3

1. She **has been able to** go to Harvard.

2. You **will be allowed to** go out.

3. He **didn't have to** do this!

4. Tom **will have to make** more efforts.

5. Helen **should have been** more careful.

4

1. How about **watching** Sherlock Holmes II?

2. Their teacher makes them **work** really hard, he wants them **to succeed.**

3. She heard Jerry **speak / speaking** about Mary on the phone.

4. I hope **to see** you again next year.

5. No! I refuse **to let** Sam **drive**, he is crazy!

> **Gagnez des points**
> 1. On peut aussi le formuler avec *Let's* + BV ou *Why not / Why don't we* + infinitif.

5

1. "Can you come to my party?" "Yes, my parents let me come / allow me to come! I'm really looking forward to being there!"

2. I saw three men run out of the bank, get into a car and leave. They must have been gangsters.

3. Stop dreaming! Dad will never let you drive his Porsche!

4. I want you to do your math exercise, then finish writing your essay and then you will be allowed to watch TV.

> **Gagnez des points**
> 2. Sortir en courant : « en courant » est traduit par *run*, « sortir » est traduit par la préposition *out*.

Sujet de BAC

COMPRÉHENSION DE L'ÉCRIT

1 The narrator is a Jamaican female teacher.

2 The scene takes place in England.

3 **a.** The place may refer to a school office where teachers are advised to go to apply for a teaching job. It may well be a job centre. The employers there make sure the applicants meet all the requirements stated by the education authority in England.

b. The narrator has come in order to apply for a job as a teacher.

4 It refers to the other woman, the lady who seems to be in charge of hiring teachers. She might be a member of the Board of Education, a headmistress or a secretary.

5 The narrator expects her to take them, read them through and keep them.

6 She feels these letters show evidence that she is a competent and fully qualified teacher. They prove she has been well trained and that she has already had a teaching experience. Therefore, she is bound to be fit for that job.

7 The character must be feeling stunned by the lady's brisk tone, which might be why she remains speechless. She must be realizing the reason why the lady refuses to even read the letters is because she is prejudiced, which is bound to make the young teacher indignant.

8 The scene takes place in a firm. The conversation is between two people, Allen and Burt Rubinek who is likely to be Allen's employer. The scene is witnessed by some of Allen's colleagues.

9 The employer is blaming his employee for arriving late at work. The latter tries to reply with humour but unfortunately it makes things even worse so much so that Mr Rubinek threatens to sack Allen if he fails to outstand his usual quota for the next day.

10 **a. bossy:** "My name is Mr Rubinek. You were six minutes late this morning. And you were insubordinate." (l. 24-25).

d. bad-tempered: "Wrong! You arrived here at eight-thirty-six."(l. 17).

e. unsympathetic: "You're right. It's not fair. I do know it. And I don't care." (l. 28-29).

> **Piège à éviter**
> Sachez reconnaître les faux amis !
> *Unsympathetic* : indifférent, insensible

11 If Allen doesn't manage to sell the eighteen units by tomorrow, Mr Rubinek will fire him. He aims at frightening Allen, whom he has accused of not being "subordinate". He overtly wishes his employee would be more submissive and would not stand up to him.

12 In both texts, two characters are very authoritative: Mr Rubinek and the lady who replies to the young Jamaican teacher. That lady sounds steeped in prejudice and the male character is stubborn. They are both poor negotiators and only rely on their position to exert pressure on their employees.

EXPRESSION ÉCRITE

Les mots et expressions en gras peuvent s'avérer particulièrement utiles pour ce type de sujets.

1 Philip gave **a wink** to William who stood up and joined his colleague in the hall. "This is **the last straw**! I'm fed up with that boss and his bossy ways!" Philip burst angrily.

"So am I! Did you see how he kept **nagging** Allen for committing the crime of arriving six minutes late! I couldn't believe my ears! **The nerve!** It's not as if it was going to be fatal to the company! Six minutes won't affect the quality of what Allen is already delivering. He is so **committed,** so **involved** in his job. I don't want that dictator to have us **at his beck and call!**"

> **Gagnez des points**
> Utilisez des expressions idiomatiques propres à l'expression orale, transcrites ici à l'écrit.

Philip was wiping his forehead with his handkerchief. He had never looked so annoyed. "I… I… I don't know…" he **stuttered**.

"Look here now Phil, let's not be cowards. Allen is in trouble, he needs our support. It's high time we told that Rubinek a few plain truths. We don't want Allen to be sacked, do we? He's the most **dutiful** employee of us all!" William exclaimed pacing up and down the hall.

Philip was still at a loss for words. Eventually he added with **a lump** in his throat: "We all fear for our jobs, don't we? *I*'ve already been threatened to be sacked. Who will be next? I can't stand it any longer. We must get in touch with the **trade union.** The company's going **to the dogs…**"

"The last to be hired, the first to be fired! I'm number one on the black list!" Phil exclaimed.

"Let's stand up to him! It enrages me to think he can go on intimidating us with complete impunity!"

2 Being a good employee varies according to the person who expresses this judgement, the employer or the employee.

By and large however some qualities **stand out.** Each job requires specific **assets.** Indeed, in a fast food restaurant working fast will make you the worker of the month. Yet, if you make violins, you ought to be meticulous.

Being a good employee means knowing the **ropes** of your job and what is expected of you. You should know what your task consists in, so **train** beforehand!

Moreover, you ought to do your best to comply with the rules. You should be punctual, **reliable,** hardworking and efficient.

Being a team player sounds crucial to me. Working in a **synergetic** way maximizes strengths.

Besides, I believe loving your work makes you a great worker. As Steve Jobs said: "Your work is going to fill a large part of your life, and the only way to be truly satisfied is to do what you believe is great work. And the only way to do great work is to love what you do."

L'astuce du prof

Quand vous le pouvez, citez les propos d'un personnage connu pour enrichir votre écrit.

CHAPITRE

6 Les différents types de phrases

1 Le passif

1 Emploi du passif

• Le passif s'emploie quand le sujet de la phrase subit l'action. À l'actif, il en est l'auteur. Il faut donc différencier le sujet grammatical (celui en position de sujet dans la phrase) et le sujet réel (celui qui fait réellement l'action).
Harry Potter was created by J.K. Rowling. Harry Potter a été créé par J.K. Rowling.

C'est J.K. Rowling le sujet réel, qui a fait l'action de créer *Harry Potter.*

• Le passif peut s'utiliser quand le sujet réel de l'action est sans importance, inconnu ou évident. Dans ce cas, le passif peut se traduire par « on ».
The fire was put out. On a éteint le feu. → Sujet réel évident : les pompiers.

• Quand le sujet réel est mentionné, il est introduit par *by*, qui signifie « par ».
A. Lincoln was assassinated by John Wilkes Booth. A. Lincoln a été assassiné par John Wilkes Booth.

• Le passif peut aussi mettre en valeur un élément en le plaçant en tête de phrase.
The jury awarded The Artist three Golden Globes. Le jury a accordé trois Golden Globes à The Artist.
→ Le jury est mis en valeur.

The Artist was awarded three Golden Globes by the jury. The Artist a reçu trois Golden Globes de la part du jury. → *The Artist* est mis en valeur.

2 Construction du passif

• Affirmation : **Sujet + *be* + participe passé + complément.**
This was painted by David Hockney. Ceci a été peint par David Hockney.

• Négation : **Sujet + *be* + *not* + participe passé + complément.**
The thief has not been arrested. Le voleur n'a pas été arrêté.

• Question : **(*Wh-*) + *be* + sujet + participe passé + complément + ?**
So? How were you treated? Alors ? Comment as-tu été traité ?

• Aux différents temps, seul l'auxiliaire du passif *be* porte la conjugaison. Le verbe reste au participe passé quel que soit le temps utilisé.

Tous les temps s'adaptent au passif, sauf les formes *be + -ing* du *present perfect* et du *pluperfect*.

3 Le passif et les modaux

• Le passif peut s'utiliser avec les auxiliaires modaux grâce à l'infinitif passif : ***be* + participe passé.**
They must be captured! On doit les capturer !

• Au passé, l'association modal + passif se construit : **modal + *have been* + participe passé.**
They must have been captured! Ils ont dû être capturés !

La forme passée n'indique plus une obligation mais une probabilité.

• Au futur, on utilise *will* mais, deux modaux ne pouvant se suivre, il faut remplacer le modal par l'expression qui convient. L'association modal + passif se construit donc : ***will* + expression de remplacement + *be* + participe passé.**
They will have to be captured! On va devoir les capturer !

4 De la voie active à la voie passive

• En passant de la voie active à la voie passive, le sujet réel de la phrase active devient complément d'agent dans la phrase passive. Le COD de la phrase active devient sujet grammatical de la phrase passive.
John Wilkes Booth assassinated A. Lincoln. John Wilkes Booth a assassiné A. Lincoln.

A. Lincoln was assassinated by John Wilkes Booth. A. Lincoln a été assassiné par John Wilkes Booth.

5 « On » et le passif

• Le sujet vide « on » n'existe pas en anglais. Le passif permettant de ne pas mentionner le sujet réel d'une action, il est parfait pour la traduction de « on ».
You were given a satchel yesterday. On vous a remis une mallette hier / Une malette vous a été remise hier.

Testez-vous !

Cochez la bonne réponse.

1. I don't believe it! He … nominated!
[a] can't [b] can't have been
[c] couldn't be

2. This legend …
[a] has been forgotten
[b] has be forgotten [c] has been forgot

3. … they…?
[a] Have … captured
[b] Are … capture
[c] Have … been captured

→ Réponses p. 139

2 Les subordonnées relatives et complétives

1 Généralités sur les relatives

- Les propositions relatives apportent des précisions sur des groupes nominaux.
- Elles utilisent différents pronoms relatifs en fonction de leur antécédent (cf. tableau page 119).
- Il existe des relatives **déterminatives**, et des relatives **descriptives.**

Elles sont aussi appelées « restrictives » et « appositives ».

2 Les relatives déterminatives

- Elles sont indispensables pour **définir de qui ou de quoi on parle**.

My uncle who lives here is rich. Mon oncle qui habite ici est riche.

→ Ici, « *who lives here* » détermine, parmi les différents oncles, celui qui est riche.

3 Les relatives descriptives

- Elles donnent une **information supplémentaire** sur leur antécédent.
- Elles se forment comme les déterminatives, mais sont placées entre virgules.

My uncle, who lives here, is rich. Mon oncle, qui habite ici, est riche.

→ Ici, « , *who lives here*, » ne précise pas de quel oncle il s'agit (soit la personne n'a qu'un oncle, soit il a déjà été mentionné). Elle donne juste une information supplémentaire sur son antécédent *my uncle*.

4 Les subordonnées complétives

- Les complétives sont **compléments d'objet du verbe**. Elles sont introduites par *that* ou Ø (« que » ou « qu' »).

I see Ø/that you have finished your book. Je vois que tu as fini ton livre.

- Quand il y a plusieurs complétives à la suite, *that* est obligatoire et Ø impossible.

I see that you have finished your book and that you have begun a new one. Je vois que tu as fini ton livre et que tu en as commencé un nouveau.

- Elles sont souvent utilisées pour rapporter quelque chose au discours indirect.

He says Ø/that I am gorgeous! Il dit que je suis splendide !

- Quand on rapporte une question, la complétive est introduite par *if*.

He asked me if I wanted to have dinner. Il m'a demandé si je voulais aller dîner.

5 Choix du pronom relatif

Antécédent	Pronom	Traduction	Exemple	Traduction
Humain sujet	*who* *that**	qui	*The man who lives here is weird.*	L'homme qui habite ici est bizarre.
Humain complément	*Ø, that, whom*	que	*The man Ø/that/whom you see there is weird.*	L'homme que tu vois là-bas est étrange.
Humain génitif	*whose*	dont	*The man whose house is here is weird.*	L'homme dont la maison se trouve ici est bizarre.
Non humain sujet	*which, that*	qui	*The car that/which has a flat tire is mine.*	La voiture qui a un pneu à plat est la mienne.
Non humain complément	*Ø, that, which*	que	*The car Ø/that/which I saw has a flat tire.*	La voiture que j'ai vue a un pneu à plat.
Non humain génitif	*whose, of which*	dont	*The car whose tire is flat is mine.* *The car the tire of which is flat is mine.*	La voiture dont le pneu est à plat est la mienne.
Lieu	*where* *Ø ***	où	*The hotel where we stayed was great.* *The hotel Ø we stayed in was great.*	L'hôtel où nous sommes restés était génial.
Date	*when* *Ø*	où	*It's the day Ø/when she got married.*	C'est le jour où elle s'est mariée.
Raison	*why* *Ø*	pourquoi, la raison de, la raison pour laquelle	*This is the reason Ø/ why I came.*	C'est la raison de ma venue. / C'est pourquoi je suis venu.
Pas d'antécédent	*what*	ce que	*What she said is a bunch of lies.*	Ce qu'elle a dit est un tissu de mensonges.

* *that* est un peu familier dans ce cas.
** on utilise *where* si le verbe n'a pas de préposition, Ø si le verbe en a une.

3 Les subordonnées circonstancielles

1 Généralités

- Elles sont compléments circonstanciels et peuvent être effacées de la phrase sans que cette dernière ne perde de son sens.
- Elles sont introduites par des conjonctions choisies selon la nature de la circonstancielle (temps, cause, condition, etc.)

2 Les circonstancielles de temps

- Elles sont introduites par : *when* (quand), *as soon as* (dès que), *while* (pendant que), *before* (avant), *after* (après) ou *till/until* (jusqu'à ce que).

*We must get there **before** it starts snowing.* Nous devons arriver avant qu'il ne commence à neiger.

- Quand elles expriment un projet d'avenir ou une prévision, la subordonnée est au présent, et la principale au futur.

***When** I am rich, I will donate to charities.* Quand je serai riche, je donnerai à des œuvres de charité.

> Évitez le calque sur le français, qui donnerait *When I will be rich ...* → FAUX.

3 Les circonstancielles de lieu

- Elles sont introduites par *where.*

*She found her glasses **where** she had left them.* Elle retrouva ses lunettes où elle les avait laissées.

4 Les circonstancielles de cause et de but

- Les circonstancielles de cause sont introduites par *because* ou *for.*

*I cried **because/for** I was sad.* J'ai pleuré parce que j'étais triste.

- Les circonstancielles de but peuvent être introduites par *so that.* Elles peuvent également être introduites par *to* ou *in order to* ; leur verbe est alors à la base verbale.

*She gave him advice **so that** he could succeed.* Elle l'a conseillé afin qu'il puisse réussir.

*I work hard **to / in order to** have a better life.* Je travaille dur pour avoir une vie meilleure.

- Si le sujet de la circonstancielle est différent de celui de la principale, il est précédé de *for* et ne peut être remplacé que par un pronom complément.

I work hard for my family to be happier. Je travaille dur pour que ma famille soit plus heureuse.

→ *I work hard for us to be happier.* Je travaille dur pour que nous soyons plus heureux.

5 Les circonstancielles de concession

- Elles sont introduites par *though*, *although* (bien que) ou *even if* (même si).

She kept working ***even if*** *she was exhausted.* Elle a continué à travailler même si elle était épuisée.

6 Les circonstancielles de condition ou d'hypothèse

- Elles sont introduites en majorité par *if* mais peuvent aussi l'être par *unless* (à moins que), *as long as* (tant que) ou *in case* (au cas où).

I'll take an umbrella ***in case*** *it rains.* Je prendrai un parapluie au cas où il pleuve.

- Pour les hypothèses, la subordonnée correspond à l'hypothèse de départ. La principale indique la conséquence qu'aura cette hypothèse si elle se réalise.
- Selon le type d'hypothèse, la subordonnée et la principale se conjuguent à différents temps.

Type d'hypothèse	Temps de l'hypothèse	Temps de la principale (conséquence)	Exemple	Traduction
Réalisable	Présent	Futur	*If I succeed, I will have a raise.*	Si je réussi, j'aurai une augmentation.
Fictive	Prétérit	Conditionnel (*would* +BV)	*If I succeeded, I would have a raise.*	Si je réussissais, j'aurais une augmentation.
Non réalisée ou passée	*Pluperfect*	Conditionnel passé (*would + have +* participe passé)	*If I had succeeded, I would have had a raise.*	Si j'avais réussi, j'aurais eu une augmentation.

Testez-vous !

Ces phrases sont-elles correctes ou incorrectes ?

1. When I will arrive, I will have a solid dinner.
[a] correcte [b] incorrecte

2. Tom walked back home though it was raining.
[a] correcte [b] incorrecte

3. I bought it for him to be happy.
[a] correcte [b] incorrecte

4. If I get this new job, I will buy a new car.
[a] correcte [b] incorrecte

5. I bought this new dress for surprise my husband.
[a] correcte [b] incorrecte

→ Réponses p. 139

RÉVISION EXPRESS

CONSTRUCTION DU PASSIF

- Affirmation : **Sujet + *be* + participe passé + complément.**
  Jim was caught smoking. Jim a été pris en train de fumer.
- Négation : **Sujet + *be* + *not* + participe passé + complément.**
  This form is not filled in correctly. Ce formulaire n'est pas rempli correctement.
- Question : **(*Wh-*) + *be* + sujet + participe passé + complément + ?**
  How long were you blocked? Combien de temps avez-vous été bloqués ?
- Le complément d'agent, indiquant le sujet réel de l'action, est introduit par *by*.
  How long were you blocked by the snow? Combien de temps avez-vous été bloqués par la neige ?

CONJUGAISON DU PASSIF

Temps	Exemple	Traduction
Présent simple	*She is nominated.*	Elle est nominée.
Présent *be* + *–ing*	*We are being led by the nose.*	On nous mène par le bout du nez.
Prétérit simple	*His car was stolen.*	Sa voiture a été volée.
Prétérit *be* + *–ing*	*The fire was being put out…*	Le feu était en train d'être éteint…
Present Perfect	*He has been arrested.*	Il a été arrêté.
Pluperfect	*The secret had been preserved.*	Le secret avait été préservé.
Futur	*Life will be found on Mars.*	On découvrira de la vie sur Mars.

LES PROPOSITIONS RELATIVES

- Elles apportent des précisions sur un groupe nominal.
- **Les relatives déterminatives** sont indispensables pour désigner clairement ce dont on parle. *The blond boy who is at the bar is my boyfriend.* Le garçon blond qui est au bar est mon petit-ami. → Il y a plusieurs garçons blonds dans le pub, la précision « *who is at the bar* » est indispensable pour indiquer lequel est mon petit ami.
- **Les relatives descriptives** apportent des précisions supplémentaires (mais pas indispensables) sur ce dont on parle. Elles se mettent entre virgules.
  The blond boy, who is at the bar, is my boyfriend. Le garçon blond, qui est au bar, est mon petit-ami. → On sait déjà de qui on parle, « *who is at the bar* » n'est qu'une précision : soit il n'y a qu'un garçon blond dans la salle, soit j'ai déjà parlé de lui avant.

- Les principaux pronoms relatifs sont *who* quand l'antécédent est humain, *which* quand il est non-humain. *That* fonctionne pour les deux mais est plus familier quand il se rapporte aux humains.

LES SUBORDONNÉES CIRCONSTANCIELLES

- Elles sont compléments circonstanciels et peuvent être effacées de la phrase.
- Elles sont introduites par des conjonctions choisies selon la nature de la circonstancielle (temps, cause, condition, etc.)

Nature	Conjonction	Exemples	Traduction
Temps	*when* (quand) *as soon as* (dès que) *while* (pendant que) *before* (avant) *after* (après) *till/until* (jusqu'à ce que)	*We will leave as soon as you are ready.* *She was gone before you arrived.*	Nous partirons dès que tu seras prêt. Elle est partie avant que tu n'arrives.
Lieu	where (où)	*He returned where he had seen her.*	Il est retourné où il l'avait vue.
Cause	*because* (parce que) *for* (car)	*I love this book because it is full of twists.*	J'adore ce livre parce qu'il est plein de rebondissements.
But	*to, in order to* (pour) *so that* (afin de)	*He went in to answer the phone.*	Il est entré pour répondre au téléphone.
Concession	*although, though* (bien que) *even if* (même si)	*I love you even if you're boring.*	Je t'aime même si tu es ennuyeux.
Condition	*if* (si) *unless* (à moins que) *as long as* (tant que) *in case* (au cas où)	*I'll wait as long as I can.*	J'attendrai aussi longtemps que je pourrai.
Hypothèse	*if*	*If he wins he will be unbearable.*	S'il gagne, il sera insupportable.

Testez-vous !

Cochez la bonne réponse.

1. Millenium … by David Fincher.
[a] shot [b] was shot [c] is shot

2. The exposition … we went was amazing.
[a] Ø [b] which [c] where

3. I think … Neil Armstrong walked on the Moon in 1969.
[a] which [b] that [c] who

→ Réponses p. 139

Bien construire les phrases complexes

LES RÉFLEXES À AVOIR

- Évitez de multiplier les phrases courtes : les phrases complexes sont beaucoup plus naturelles. Vous ne diriez pas « L'homme est à droite. L'homme est mon frère. », mais plutôt « L'homme qui est à droite est mon frère. »
- Veillez à bien identifier les antécédents. « Qui » et « que » s'appliquent en français à tous les antécédent alors qu'en anglais *who* ne fonctionne qu'avec les humains et *which* avec les non humains (choses, animaux, etc.).

LES PIÈGES À ÉVITER

- N'utilisez les relatives déterminatives que lorsqu'elles sont indispensables pour indiquer de qui ou de quoi vous parlez ; sinon, elles induisent des faux sens.
  The Irish who are very welcoming speak very fast. Les Irlandais qui sont très accueillants parlent très vite.
  → Ceci impliquerait que les irlandais non accueillants ne parlent pas vite. « *Who are welcoming* » n'est qu'une information supplémentaire à mettre entre virgules.
  → *The Irish, who are very welcoming, speak very fast.* Les Irlandais, qui sont très accueillants, parlent très vite.

LES ASTUCES DU PROF

- On peut simplifier les relatives en omettant le pronom relatif et le verbe ou en les remplaçant par une préposition (seulement avec *be* et *have).*
  The man who is on the right is my brother = The man on the right is my brother.
- Pour les complétives, si vous hésitez entre Ø et *that*, utilisez *that*, qui sera toujours correct.

DU FRANÇAIS À L'ANGLAIS

- « **Pour** » suivi d'un nom (pour quelqu'un, pour une occasion, etc.) : *for* + nom.
  I bought a doll for Sarah. J'ai acheté une poupée pour Sarah.
- « **Pour** » suivi d'un verbe (pour faire quelque chose) : *to* + base verbale.
  I bought a doll to please Sarah. J'ai acheté une poupée pour faire plaisir à Sarah.
- Si cette poupée est à la fois pour Sarah (pour + nom), pour qu'elle joue avec (pour + verbe), Sarah sera précédée de *for* et l'action « jouer » de *to.*
  I bought a doll for Sarah to play with. J'ai acheté une poupée pour que Sarah joue avec.

EXEMPLE

Préciser, repérer et identifier

Isabel could not help but look at the fox, which had ruby eyes, and seemed to be watching her. [...]

And it was at that moment, as they stood there, that the young man fell from the layer above [...].

"Somebody fell,' said Jennifer. She pointed the upper circle, at the point where the top layer joined the wall. [...]

"We saw what happened. We had better go and tell somebody what we saw." [...]

Isabel saw that her friend was shaking, and she put an arm about her shoulder.

Isabel ne pouvait s'empêcher de regarder le renard, qui avait des yeux en rubis, et avait l'air de la regarder. [...]

Et ce fut à ce moment, comme elles se tenaient là, que le jeune homme tomba du balcon du dessus [...].

« Quelqu'un vient de tomber, » dit Jennifer. Elle montra du doigt le niveau supérieur, au point où le balcon du haut rejoignait le mur. [...]

« Nous avons vu ce qui s'est passé. Nous ferions mieux d'y aller et dire à quelqu'un ce que nous avons vu. » [...]

Isabel vit que son amie tremblait, et elle mit son bras autour de ses épaules.

Alexander McCall Smith, *The Sunday Philosophy Club*, Abacus Editions, 2005.

- Subordonnées relatives

the fox, which had ruby eyes, and seemed to be watching her : **relative descriptive** ayant pour antécedent *the fox*. Elle décrit la broche de la phrase précédente.

the point where the top layer joined the wall : **relative déterminative**. Sans elle, il est impossible de savoir de quel point il est question.

- Proposition circonstancielle de temps

as they stood there permet de repérer **à quel moment** le jeune homme est tombé.

- Subordonnées complétives

that her friend was shaking : cette proposition est **complément d'objet direct du verbe** *saw* de la même manière qu'un COD classique. Ici, Isabel ne voit qu'une chose, Ø est donc possible : *Isabel saw Ø her friend was shaking* aurait été correct.

what happened, what we saw : ces **complétives** sont **introduites par** *what* et non pas *that*, car elles font référence à un événement encore vague : ce qui s'est passé, c'est-à-dire la chute du jeune homme.

Vérification des connaissances

1 Cochez la bonne réponse.

1. The driver … plate number is LR06 RFG is asked to move his car.

☐ who ☐ whom ☐ whose ☑ which

2. Abraham Lincoln … in 1865.

☐ killed ☐ is killed ☐ was killed ☐ has been killed

3. Bob said … he bought a shirt for half price and … he had a 60% discount on his trainers.

☐ Ø ☐ if ☐ which ☐ that

4. The restaurant … we went to was excellent.

☐ Ø ☐ where ☐ in which ☐ to which

5. If he … on time, he will hear from me.

☐ isn't ☐ will be ☐ won't be ☐ is

Exercices d'entraînement

2 Mettez ces phrases au passif.

1. The Eagles have won the cup for five years in a row.

2. Fleming did not invent penicillin in 1926 but in 1928.

3. Apple will raise the price of the Iphone 4S.

4. Are they taking him to the hospital?

6. The police must have arrested him!

3 Complétez ces phrases avec le pronom relatif qui convient.

1. This dinosaur exposition, … there is a model of T. Rex, is the largest in the UK.

2. Give me the book … is on the table please.

3. 1987 was a wonderful year, it's the year … I got my A-level.

4. The people … names aren't on this list are in big trouble.

5. You're so sweet! This is … I married you!

4 Réunissez ces deux phrases en une. Faîtes une relative réduite si possible.

1. Look at the boy next to Peter. I think I fancy him.

2. James Bond was created by Conan Doyle. He is the most famous spy in the world.

3. We visited a castle. In the castle we saw armours, swords and catapults.

4. The book is on the table. I found it in New York last week.

5. I met a girl at school. Her grandmother was a famous actress.

5 Traduisez les phrases suivantes.

1. Le gang qui a braqué la banque doit être arrêté au plus vite.

2. Le livre que Sean a écrit l'an dernier n'a pas été publié.

3. Si mon ordinateur n'avait pas planté, je n'aurais pas perdu les dossiers que mon patron m'avait confiés.

4. Laura a vu ce qui s'est passé. L'homme qui conduisait la Honda a frappé l'autre avec une batte de baseball.

5. Tom m'a dit que son professeur d'anglais, qui porte la chemise bleue à droite, vient de Cambridge.

Sujet de BAC

L'idée de progrès – D'après Amérique du Sud, novembre 2006

Doc. 1 A Revolution in reading

I have spent a substantial portion of my life (…) in libraries, and I still enter them with a mixture of excitement and awe[1]. I am not alone in this. Veneration for libraries is as old as writing itself, for a library is more to our culture than a collection of books: it is a temple, a symbol of power, the hushed core of civilisation, the citadel of memory, with its own mystique, social and sensual as well as intellectual. Even people who never enter libraries instinctively understand their symbolic power.

But now a revolution, widely compared to the invention of printing itself, is taking place among the stacks, and the library will never be the same again. This week Google announced plans to digitise fifteen million books from five great libraries, including the Bodleian[2].

Some fear that this total library, vast and invisible, could finally destroy traditional libraries, which will become mere warehouses for the physical objects, empty of people and life. The advantages for researchers of a single scholarly online catalogue are incalculable, but will we bother to browse the shelves when we can merely summon up any book in the world with the push of a button? Are the days of the library as a social organism over?

Almost certainly not, for reasons practical, psychological and, ultimately, spiritual. Locating a book online is one thing, reading it is quite another, for there is no aesthetic substitute for the physical object; the computer revolution rolls on inexorably, but the world is reading more paper books than ever. Indeed, so far from destroying libraries, the internet has protected the written word as never before, and rendered knowledge genuinely democratic. Fanatics always attack the libraries first, dictators seek to control the literature, elites hoard the knowledge that is power. Shi Huangdi, the Chinese emperor of the 3rd century BC, ordered that all literature, history and philosophy written before the founding of his dynasty should be destroyed. More books were burnt in the 20th century than any other – in Nazi Germany, Bosnia and Afghanistan. With the online library, the books are finally safe, and the biblioclasts have been beaten, for ever.

But the traditional library will also survive, because a library is central to our understanding of what it is to be human. Ever since the first clay tablets[3] were collected in Mesopotamia, Man has wanted not merely to obtain and master knowledge, but to preserve it, to hold it in his hand. (…)

Libraries are not just for reading in, but for sociable thinking, exploring, exchanging ideas and falling in love. The Openshaw branch of the Manchester public library was built complete with a billiard room.

Just as bookshops have become trendy, offering brain food and cappuccinos, so libraries, under financial and cultural pressure, will have to evolve by more actively welcoming people in to wander and explore. Finding a book online should be the beginning not the end of the process of discovery, a peeling back of the first layer: the word library, after all, comes from *liber*, the inner bark of a tree.

Bookish types have always feared change and technology, but the book, and the library, have adapted and endured, retaining the essential magic of these places.

Abridged from an article by Ben Macintyre, *The Times*, December 18, 2004

1. *Awe:* terror and respect
2. *The Bodleian library:* the library of the University of Oxford
3. *Clay tablets:* tablettes d'argile

Doc. 2 **E-Readers: a threat?**

The American novelist Jonathan Franzen was speaking at the Hay literary festival in Cartagena about the e-reader, which he said threatened the sense of permanence found in the printed book. He went on to suggest that this loss of permanence might eventually prove "incongruous with a system of justice and self-government". [...]

If the printed word were the guardian of all democratic values, how is it that the country where, in 1439, a goldsmith named Johannes Gutenberg invented the movable type printing press succumbed almost 500 years later to a totalitarian hell, in which books, and the knowledge in them, were suppressed with a relatively small number of bonfires? [...]

The obvious point is we still have a choice between screen or print, which is likely to remain, because people will always take pleasure in reading a work on the page, admiring the paper and typefaces (admittedly rare), marking a passage, gauging how long to the end of the chapter or book, lending it or giving it to a friend, taking it down from the shelf again, remembering exactly what that book meant to you when you first read it and being surrounded by your books, your taste, your history of reading.

Abridged from an article by Henry Porter, *The Observer*, 5 February 2012

COMPRÉHENSION DE L'ÉCRIT

1 Doc.1. This newspaper article is:

a. an economic survey;

b. the coverage of an international conference;

c. an essay on a cultural and social issue;

d. an autobiographical narrative.

2 Doc.1. lines 1-2: "I still enter them with a mixture of excitement and awe."

a. What does the author mean?

b. Is it a personal point of view? Answer the question and quote from the text.

3 Doc.1. a. What has Google decided to do?

b. According to some people, what are the dangers of such a project? *(20 words).*

4 Doc.1. What are the various advantages of the technological evolution mentioned by the journalist? Which one is the most important in his eyes? Use the historical references in the text to explain his point of view *(60 to 80 words).*

5 Doc.1. What will libraries have to do to keep their readers? Answer the question in your own words *(40 to 50 words).*

6 Doc.2. According to the author, what event in history showed that printed books did not mean "permanence"?

7 Doc.2. Does the author think printed books will eventually disappear? Explain why or why not *(40 words).*

EXPRESSION ÉCRITE

Why do you think dictators have always viewed literature with suspicion? Support your answer with examples.

Testez-vous !

p. 125

1. b **2.** a **3.** c

p. 129

1. incorrecte → When I arrive, **I will have a solid dinner.**

2. correcte

3. correcte

4. correcte

5. incorrecte. → I bought this new dress to surprise my husband.

p. 131

1. b **2.** c **3.** b

L'astuce du prof

2. Quand on ne rapporte qu'une pensée/parole, Ø et *that* sont possibles.

L'astuce du prof

5. Pour dire « pour », utilisez *for* si « pour » est suivi d'un nom, *to* s'il est suivi d'un verbe.

Rappel

2. Ø aurait été correct avec la phrase *The exposition Ø we went to…*

Vérification des connaissances

1

1. whose **2.** was killed

3. that **4.** Ø **5.** isn't

Rappels

2. *has been killed* aurait été correct sans la date.

4. Si *went* n'avait pas été suivi de *to*, *where* aurait été correct.

Exercices d'entraînement

2

1. The cup has been won by the Eagles for five years in a row.

2. Penicillin was not invented by Fleming in 1926 but in 1928.

3. The price of the Iphone 4S will be raised by Apple.

4. Is he being taken to the hospital?

5. He must have been arrested!

Remarque

4 et 5. Les sujets réels inconnus et évidents ne sont pas mentionnés au passif.

3

1. where

2. which / that

3. when / Ø

4. whose

5. why / the reason

4

1. Look. I think I fancy the boy who/that is next to Peter.

→ Relative réduite : Look. I think I fancy the boy next to Peter.

2. James Bond, who was created by Conan Doyle, is the most famous spy in the world.

James Bond, who is the most famous spy in the world, was created by Conan Doyle.

→ Cette version permet une relative réduite : James Bond, the most famous spy in the world, was created by Conan Doyle.

3. We visited a castle where we saw armours, swords and catapults.

4. The book which/that I found in New York last week is on the table.

I found the book which/that is on the table in New York last week.

5. I met a girl at school whose grandmother was a famous actress.

Piège à éviter

4. Une relative réduite génèrerait de la confusion entre les compléments de lieu *on the table et in New York*.

5

1. The gang who/that (have) robbed the bank must be arrested as soon as possible.

2. The book that/which/Ø Sean wrote last year wasn't published.

3. If my computer hadn't crashed, I wouldn't have lost the file that/Ø my boss had entrusted to me.

4. Laura saw what happened. The man (who was) driving the Honda hit the other (one) with a baseball bat.

5. Tom told me that/Ø his English teacher, who is wearing the blue shirt on the right, comes from Cambridge.

Rappel

3. Il s'agit d'une hypothèse non réalisée.

Rappel

5. On sait déjà de qui on parle, la relative est seulement descriptive, donc entre virgules.

Sujet de BAC

COMPRÉHENSION DE L'ÉCRIT

1 This newspaper article is an essay on a cultural and social issue. (**c.**)

2 **a.** The author means that libraries are places which he finds both appealing and fascinating. He feels the urge to enter libraries as he derives a real pleasure from wandering along the shelves full of books. It arouses some kind of emotion, a passionate feeling together with spiritual respect for all the culture that lies there. He worships such places since according to him books are endowed with a sort of power. That's why he is somehow mesmerized by them, as if he were holding the key to the cultural enigma of the world!

b. Even though he writes in the first person the writer believes most people share his opinion. (l. 2-3) "I am not alone in this". He adds that people know by instinct how crucial libraries are for our civilisation. (l. 6-7) "Even people who never enter libraries instinctively understand their symbolic power." Moreover people have been inclined to revere libraries ever since the first written works appeared (l. 3) "Veneration for libraries is as old as writing itself".

3 **a.** Google has decided to digitise fifteen million books from five great libraries, that is to say that from then on readers will be able to read those books online.

b. The existence of traditional libraries is therefore jeopardized as some people fear they might become mere store rooms without anyone interested in browsing the shelves. The easy reach of any title online may well replace the effort of going to the library to borrow a book.

4 The journalist tries to reassure the sceptics by praising the technological improvement. Indeed, researchers will no longer have to waste hours looking for the information they need. First and foremost the beauty of a book as an object will always prevail over the practical aspect of a book online. Strangely enough, statistics tend to prove people keep reading more and more paper books. But even more important to the author's eyes, the online libraries allow books to be safe and kept alive, while, in the past, thousands of them were destroyed under dictatorships. The author hints at the Second World War and more precisely at Hitler as well as the similar dictatorial situations in Bosnia and Afghanistan, during which books were burnt as their contents were considered to be "subversive".

5 To keep their readers, libraries will have to function like forums to exchange ideas, meet people and discuss issues; but they will also have to be more welcoming, even provide readers with other types of food but the mere intellectual one. They will have to offer a further approach to the books people will have read on the Net.

6 Autodafes in Germany, where Gutenberg originated from in the 15th century, are referred to. Thousands of books were burnt publicly and ostentatiously. According to Hitler, books written by pacifists, Jews or Marxists had to be burnt. Librarians were forbidden to lend the books that were written down on the black list. Some non-German writers like Marcel Proust or Hemingway were also on that list.

> **Piège à éviter**
> Rappelez-vous la nationalité de l'inventeur de l'imprimerie en Europe, pour ne pas situer cet événement dans un autre pays.

7 The author believes that books will remain in their usual shape as many people derive pleasure from the feel of the paper, the character types, the book as a gift but also the sight of their books at home, as a part of themselves, their own history. According to him, the alternative between digitised books and the classic form of books does not threaten paper editions of our favourite books.

EXPRESSION ÉCRITE

Les mots et expressions en caractères gras sont particulièrement utiles pour ce type de sujet.

> **Gagnez des points !**
> Faites part de vos lectures quand l'occasion se présente !

Dictators by definition dictate **rules** and behaviours. They won't **tolerate** anyone **going astray.** Literature being a space for expression is obviously an ideal vehicle for ideas and thereby may **urge** readers to believe in certain concepts the government may disagree with. That is why a man like Hitler, convinced as he was of the wonderful power of words, **forbade** the writings which **advocated** democratic systems, social equality, and cultural tolerance.
Many writers have feared such **totalitarianism** and have tried to study the process whereby a government is led to burn books. Ray Bradbury in ***Fahrenheit 451*** described such a dreadful situation; George Orwell in ***1984*** also imagined a society in which men are no longer free to think by themselves. Dictators know that literature can influence people as fiction makes people **dream** and use their imagination to make up a better world than their own. So if they want people to **obey them,** they must deprive them of their imaginative power. Quite scary, to say the least!

PARTIE 3
Vocabulaire et civilisation

CHAPITRE 7

Mythes et héros

1 Repères culturels : les États-Unis

1 L'individualisme américain

• **L'individualisme** (*self-reliance*) américain est lié au peuplement du continent. Il représente la capacité de survivre seul, d'être totalement autonome (*self-reliant*) et de prendre soin (*take care of*) des siens. Les héros de cet individualisme sont les *Pilgrim Fathers* et les *frontiersmen*.

• ***The Pilgrim Fathers*** (les pères pélerins) : premiers colons à fonder une colonie sur le sol américain, ils sont obligés de subvenir seuls à leurs besoins (culture, chasse, construction de maisons et survie en général).

> 1ère colonie : Plymouth Harbor dans le Massachusetts en 1620.

• ***The frontiersmen*** (les hommes de la frontière) : au XIXe siècle, le pays se développe vers l'Ouest ; naissent alors les figures des *frontiersmen*, à la fois pionniers (*pioneers*) et colons (*settlers*), capables de vivre seuls et en totale autonomie dans l'Ouest sauvage (*the Wild West*).

> 1803-1806 : l'expédition Lewis et Clark atteint le Pacifique. 1804 : achat de la Louisiane à la France.

• Cet **individualisme « de survie »** est toujours présent aux États-Unis : les Américains ont par exemple le droit de posséder une arme à feu pour se protéger. Ainsi, en 2009, 33 % des ménages américains déclaraient en posséder au moins une, ce qui équivalait à 280 millions d'armes à feu en circulation.

> Le port d'arme est protégé par le 2e amendement à la constitution (1787) et défendu par le puissant lobby de la *National Rifle Association (NRA).*

• Il existe également un **individualisme idéologique**, perçu comme un moyen de protéger indépendance et liberté. Ainsi, les *Pilgrim Fathers* ont quitté l'Angleterre pour protéger leur liberté religieuse et fuir les persécutions. Il existe aujourd'hui sous la forme d'une certaine méfiance à l'égard des autorités.

2 *The American Dream* : le rêve américain

• Les immigrants venaient et viennent encore aux États-Unis pour bénéficier d'un nouveau départ : c'est le mythe du **rêve américain**. Il est basé sur l'idée qu'aux États-Unis, tout le monde peut passer des haillons à la richesse (*go from rags to riches).*

• Également lié à l'idéal d'individualisme, le héros représentatif de ce rêve américain est le ***self-made man*** (l'homme qui s'est fait tout seul). L'exemple le plus célèbre est John D. Rockefeller.

3 Mythes et héros américains : exemples et citations

Mythes/valeurs	Exemples	
Individualisme « de survie »	*Frontiersmen*	• Calamity Jane (1852-1903) • Davy Crockett (1786-1836)
	Seulement 50 % des américains sont aujourd'hui favorables à une régulation du port d'armes, alors qu'on comptait en 2009 9 146 meurtres par balle (taux le plus élevé au monde).	
Individualisme idéologique	Méfiance à l'égard des autorités	• 22 mars 2010 : Barak Obama dote pour la première fois les États-Unis d'une couverture médicale universelle. Cette réforme ne recueille que 36 % d'opinion favorable.
		"If you're not armed, you're not responsible. Who's gonna protect your kids? The cops?" « Si vous n'êtes pas armé, vous n'êtes pas responsable. Qui va protéger vos gosses ? La police ? » Citation d'un membre de la NRA dans *Bowling for Columbine* (Michael Moore, 2002).
Rêve américain	*Self-made men*	
	John D. Rockefeller (1839-1937)	• Fortune estimée à 200 milliards de dollars de l'époque. Il est devenu, grâce à sa réussite dans l'industrie pétrolière, l'homme le plus riche de l'histoire des États-Unis.
	Bill Gates	• Fondateur de Microsoft, homme le plus riche des États-Unis, 82 milliards de dollars.
	Mark Zuckerberg	• Créateur de Facebook et 32e fortune des États-Unis.

Testez-vous !

Cochez la bonne réponse.

1. Les premiers colons s'installèrent sur le sol américain en :

a 1492 b 1620 c 1786

2. Les principaux héros de l'individualisme américain sont :

a les *Pilgrim Fathers* et les *frontiersmen*

b les *self-made men*

c les autorités

3. Le pays commença son expansion vers l'Ouest en :

a 1620 b 1786 c 1803-1806

4. *To be self-reliant* signifie :

a créer du lien avec les autres

b savoir compter sur les autres

c être capable de se débrouiller seul

→ Réponses p. 159

2 Repères culturels : la Grande-Bretagne et l'Irlande

1 La Grande-Bretagne

Sir Thomas Malory (1405-1471) et Chrétien de Troyes (1135-1185) sont les deux principaux auteurs du roman arthurien.

- **Le roi Arthur** : selon la légende, il aurait protégé son royaume des invasions saxonnes et aurait été le premier roi à avoir régné sur un empire constitué de la Grande-Bretagne, la Bretagne française, l'Irlande et l'Islande entre le ve et le vi^e^ siècle. La dynastie des Tudors, qui a régné de 1485 à 1603, se prétendait descendante d'Arthur. Aujourd'hui encore, de nombreux historiens continuent à chercher si le roi légendaire a une réelle origine historique.
- **La reine Victoria** : son règne (1837-1901), le plus long parmi tous ceux des souverains britanniques, est encore considéré comme un âge d'or de la Grande-Bretagne. C'est l'époque du grand Empire britannique et de la révolution industrielle.
- **L'Empire britannique** : à son apogée de 1815 à 1914, l'Empire britannique s'étendait sur environ 25 millions de kilomètres carrés, et englobait entre 1/5e et 1/4 de la population mondiale avec ses colonies ou protectorats.
- Entre la fin du xviiie siècle et le milieu de l'ère victorienne, l'économie britannique se transforme avec **la révolution industrielle**. Le dynamisme économique ne vient plus de l'agriculture mais de la production de biens manufacturés et du commerce. L'Empire britannique devient la première puissance économique mondiale sous le règne de la reine Victoria.

2 L'Irlande

- **Saint Patrick** : évêque envoyé en Irlande par le pape Célestin pour convertir les païens. Selon la légende, il aurait jeté tous les serpents d'Irlande à la mer à l'aide de sa crosse, les bannissant à jamais. Le serpent étant un symbole courant des religions païennes, cette légende serait une métaphore de la conversion. Le 17 mars, jour de la mort du Saint en 493, est aujourd'hui la fête nationale irlandaise.
- **Les leprechauns** (prononcer « léprekaun ») : créatures celtiques les plus célèbres, ces lutins d'environ 70 cm fabriquent des chaussures pour les autres êtres féériques. Leur nature travailleuse leur a donné la confiance de ces derniers qui leur ont confié la garde de leur trésor. Pour les mortels, seuls un arc-en-ciel et le son des coups de marteau d'un cordonnier peuvent indiquer l'emplacement de ces trésors.

3 Mythes et héros de Grande-Bretagne et d'Irlande

Pays	Mythes et héros	Exemples
Grande-Bretagne	Légendes arthuriennes	Le château de Tintagel en Cornouailles (190 000 visiteurs en 2010), lieu supposé de la naissance d'Arthur, et le grand Hall de Winchester et sa table ronde fabriquée pour le roi Henri VIII (fin du XIIIe siècle) sont deux sites touristiques très visités en Grande-Bretagne.
	Apogée de l'Empire britannique (1815-1914)	Il est connu sous le nom *the empire where the sun never sets* (l'empire où le soleil ne se couche jamais) car il faisait toujours jour dans au moins une de ses colonies. L'anglais est encore aujourd'hui la deuxième langue la plus parlée au monde.
	La Grande-Bretagne, première puissance économique mondiale	Grâce à sa suprématie industrielle et commerciale pendant le règne de la reine Victoria, la Grande-Bretagne est considérée comme *the workshop of the world* (l'atelier du monde). L'anglais est aujourd'hui la principale langue des affaires.
Irlande	Saint Patrick	Le trèfle, symbole de l'Irlande, provient aussi de sa légende. Il aurait utilisé les trois feuilles du trèfle pour expliquer la sainte trinité aux païens.
	Mythologie celtique	La tradition d'Halloween en est un dérivé. Contraction de *All Hallows Eve* (la nuit de tous les esprits), elle vient d'une fête païenne pour honorer les morts et a été transformée par les prêtres chrétiens sous la forme d'*All Saints' Day* (le jour de la Toussaint), lors de la conversion des païens.

Testez-vous !

Vrai ou faux ?

1. La reine Victoria a régné environ 64 ans.

☐ vrai ☐ faux

2. Au cours de son règne, l'Empire britannique a connu son déclin.

☐ vrai ☐ faux

3. L'anglais est la principale langue des affaires grâce à l'expansion de l'Empire.

☐ vrai ☐ faux

4. La fête nationale irlandaise a lieu le 17 mai.

☐ vrai ☐ faux

5. Halloween a donné naissance à une fête religieuse chrétienne.

☐ vrai ☐ faux

→ Réponses p. 159

3 Repères culturels : les autres pays anglophones

1 Le Canada

- Les ***woodlands runners*** (coureurs de bois) : au XVIIe siècle, ils faisaient le commerce des peaux sans l'autorisation du roi de France. Ils s'aventuraient dans l'intérieur des terres pour chasser eux-mêmes leurs peaux. Comme les *frontiersmen*, ils sont devenus populaires grâce à leurs capacités de survie et à leur indépendance. Certains sont devenus célèbres grâce à l'exploration ; ils ont aussi beaucoup œuvré à l'établissement de liens commerciaux avec les Indiens.

2 L'Australie

- **James Cook** (1728-1779) : explorateur et officier dans la Royal Navy, il découvre la future Australie en 1769 et revendique ce nouveau continent comme territoire britannique en 1770. En 1788, la ville de Sydney est fondée par la première colonie de peuplement : il s'agit d'une colonie pénitentiaire composée d'environ 800 détenus et 300 soldats, de gardiens et leurs familles.

> L'Australie fut d'abord une colonie pénitentiaire suite à la perte de celles d'Amérique avec l'indépendance américaine (1786).

- **Les *bushrangers*** : terme utilisé vers 1800 pour désigner les détenus évadés et ayant les compétences nécessaires pour survivre dans le bush australien, et ainsi échapper aux autorités. Tout comme les *frontiersmen* et les *woodland runners*, ils sont devenus des héros populaires pour leur indépendance et leurs capacités de survie. Ce terme a ensuite désigné les bandits de grand chemin ; les *bushrangers* ont alors souvent été respectés pour la résistance aux autorités coloniales qu'ils représentaient.

- ***Dreamtime*** (le temps du rêve) : point central de la mythologie aborigène. C'est l'âge où les êtres ancestraux (*the Ancestral Beings*) ont parcouru le pays et y ont créé la vie et toutes les caractéristiques du paysage australien. Les histoires du rêve (*Dreaming stories*) transmettent le savoir, les valeurs et croyances culturelles du peuple aborigène. Cette transmission se fait sous forme d'histoires orales, de chansons, de danses ou de peintures.

> La culture aborigène est la plus ancienne de la planète, elle date de 50 000-65 000 ans.

3 Mythes et héros canadiens et australiens

Pays	Mythes et héros	Exemples
Canada	*Woodland runners*	Étienne Brûlé (1592-1633) : coureur de bois français, interprète de l'explorateur Samuel de Champlain en langue huronne. Il a été accusé d'avoir rejoint le camp anglais lors de la guerre avec la France pour la domination du Québec.
		Le commerce des peaux a été très important pour l'exploration du Canada. Les différentes compagnies en concurrence ont eu besoin de trouver de nouvelles sources d'approvisionnement, et donc d'explorer de nouveaux territoires.
Australie	*Bushrangers*	Ned Kelly (1854-1880) : le plus célèbre des *bushrangers*, il incarne la résistance des opprimés face aux autorités. Il est le sujet du premier film long métrage de l'histoire du cinéma (*The story of the Kelly Gang*, 1906).
		Les *Victorian Bushrangers* sont l'équipe de cricket de l'état australien de Victoria.
	Mythes aborigènes	Le didgeridoo : instrument à vent aborigène, à l'origine fabriqué à partir d'un tronc d'eucalyptus creusé par des termites. Selon une légende, un aborigène faisant du feu a soufflé dans une bûche creuse pour ne pas brûler les termites qui s'y trouvaient. Il les a alors projetées dans le ciel nocturne. Elles sont devenues la voie lactée et, depuis, le son du didgeridoo vibre pour l'éternité.

À partir de 1783, l'*Hudson Bay Company* et la *North West Company* sont les principales compagnies concurrentes pendant l'exploration du Canada.

Considéré comme l'ennemi public n°1, Ned Kelly portait une armure faite amaison constituée d'un gilet pare-balles et d'un heaume.

Testez-vous !

Cochez la bonne réponse.

1. Les héros populaire canadiens sont les :

a *frontiersmen* b *woodland runners*

c *bushrangers*

2. Les héros populaires canadiens, américains et australiens ont en commun :

a leur générosité

b leur qualité de leaders

c leur indépendance

3. L'Australie a été découverte en :

a 1728 b 1769 c 1788

4. Au XVIIe siècle, deux pays se disputaient le Québec :

a la France et l'Angleterre

b l'Angleterre et les États-Unis

c la France et les États-Unis

→ Réponses p. 159

4 Vocabulaire général sur le thème Mythes et héros

admire	admirer	syn : *think highly of*
admirable	admirable	syn : *praiseworthy, commendable, laudable*
attract sympathy	attirer la sympathie	
be admired for	être admiré pour	
be a central figure of	être un personnage central de	
be considered as	être considéré comme	syn : *be regarded as, be viewed as*
be a figurehead of	être un emblême de	
be held in high esteem	être tenu en haute estime	*hold in high esteem* tenir en haute estime
consideration	considération	
esteem	estime	*self-esteem* estime de soi
folklore	folklore	
give birth to	donner naissance à	
hero	héros	syn : *figure, icon*
idealise	idéaliser	
idealised	idéalisé(e)	*idealised version* version idéalisée
idealistic	idéaliste (adj)	
ideological	idéologique	*from an ideological standpoint* d'un point de vue ideologique
ideology	idéologie	
influence	influencer	*influence someone* influencer qqun
influential	ayant de l'influence	*influential person*
inspirational	charismatique	*be inspirational* être une source d'inspiration
inspire	inspirer	
legend	légende	*courage personified* courage personnifié
legendary	légendaire	*legendary character* personnage de légende
look up to someone	admirer qqun	
look up to someone for	admirer qqun pour	*They look up to him for his courage*
metaphor	métaphore	
myth	mythe	*popular myth* mythe populaire
mythical	mythique	*mythical character* personnage mythique
mythological	mythologique	
optimistic	optimiste	opp : *pessimistic*
personification	personnification	syn : *embodiment*
personify	personnifier	

popular	populaire, du peuple	
put on a pedestal	mettre sur un piédestal	
realistic	réaliste	opp : *idealistic, utopian, unrealistic*
reflect	refléter	
reflexion	reflet	
represent	représenter	syn : *symbolise, stand for, embody*
representative	représentatif / représentant	
symbolic of	symbolique de	syn : *representative, emblematic of*
symbolise	symboliser	*symbolize* (US)
tradition	tradition	*traditional* (adj)
utopia	utopie	
utopian	utopique	*utopian view* vision utopique
worship	vénérer	syn : *revere, idolize, venerate*
worth	la valeur	*be worth* valoir
worthy of	digne de	

Worthy peut servir de radical.
Trustworthy digne de confiance,
praiseworthy digne d'éloges

Testez-vous !

Cochez la bonne réponse.

1. Quel est le synonyme de *laudable* ?
[a] praiseworthy [b] trustworthy
[c] worthy

2. *Look up to* signifie :
[a] regarder de haut
[b] regarder d'en haut
[c] admirer

3. Quel est le contraire de *realistic* ?
[a] mythical [b] legendary
[c] utopian

4. Comment dit-on un emblême ?
[a] prow figure [b] figurehead
[c] prow head

5. Quel mot n'est pas un synonyme de *hero* ?
[a] icon [b] figure [c] character

→ **Réponses p. 159**

5 Les mythes et héros dans les pays anglophones

1 États-Unis

adapt oneself to	s'adapter à	
ability	capacité	syn : *skill* compétence
American Dream	le rêve américain	
care for	prendre soin de	syn : *take care of*
distrust	méfiance	syn : *suspicion*, opp : *trust*
the Frontier	la Frontière	

the Frontier : région des États-Unis à la limite des territoires habités par les colons et des terres sauvages.

health care	services médicaux	*health care system* le système de santé
individualism	individualisme	*individualistic* individualiste
interference	ingérence	syn : *meddling in*
settle	s'installer	
settler	colon	syn : *colonist*
start from scratch	réussir en partant de rien	
survive	survivre	*survival skills* compétences de survie

2 Grande-Bretagne

British Empire	l'Empire britannique

The empire where the sun never sets L'empire où le soleil ne se couche jamais.

La Grande-Bretagne est ensuite devenue *the workshop of the world* l'atelier du monde

climax	apogée	opp : *downfall*
dominate	dominer	
domination	domination	syn : *supremacy*
golden age	âge d'or	
highwayman	bandit de grand chemin	ex : *Robin Hood*

3 Irlande

banish	bannir	
bishop	évêque	ex : *Saint Patrick*
Celtic legend	légende celtique	
convert	convertir	*conversion* conversion
fairy	fée, créature celtique	syn : *Celtic creature*
shamrock	trèfle	
supernatural	surnaturel(le)	

4 Canada

exchange	échanger	
fur	fourrure	
pelt	peaux	*pelt trade* commerce des peaux
relationship	relation	*trade relationship* relation commerciale
territory	territoire	
trade	commerce	*trade routes* routes commerciales
tradesman	commerçant	
tribe	tribu	*tribal* tribal
unknown	inconnu	

5 Australie

Aborigine	Aborigène (nom)	*aboriginal* aborigène (adj)
ancient	ancien(ne)	*the oldest culture* la plus vieille/ancienne culture
belief	croyance	*believe in* croire en
bush	buisson, bush	
claim	réclamer, revendiquer	*a claim* une revendication
convict	prisonnier, condamné	*be convicted with* être condamné pour
dream	rêver	*Dreamtime* le temps du rêve
fleet	flotte	*the British fleet* la flotte britannique
found	fonder	*foundation* établissement, fondation
loss of	perte de	*The loss of America prompted Britain to look for new territories* La perte de l'Amérique a poussé la Grande-Bretagne à chercher de nouveaux territoires.
pass on	transmettre	*pass on knowledge* transmettre le savoir
runaway	évadé (nom)	syn : *fugitive, escapee*

the Australian bush : type de végétation composée essentiellement de buissons et d'arbustes.

Testez-vous !

Synonymes ou contraires ?

1. *ability* et *skill*
☐ synonymes ☐ contraires

2. *suspicion* et *trust*
☐ synonymes ☐ contraires

3. *runaway* et *escapee*
☐ synonymes ☐ contraires

4. *climax* et *downfall*
☐ synonymes ☐ contraires

5. *domination* et *supremacy*
☐ synonymes ☐ contraires

→ Réponses p. 159

Vérification des connaissances

1 Cochez la bonne réponse.

1. En 2009 aux États-Unis, quelle proportion des ménages déclarait posséder une arme ?

☐ 6 % ☐ 17 % ☐ 33 % ☐ 51 %

2. Quel est l'homme le plus riche de l'histoire des États-Unis ?

☐ J. D. Rockefeller ☐ Steve Jobs ☐ Bill Gates ☐ Mark Zuckerberg

3. Lors de son âge d'or industriel, la Grande-Bretagne était surnommée *the … of the world* :

☐ shop ☐ king ☐ empire ☐ workshop

4. La découverte du territoire canadien a été liée au commerce :

☐ du thé ☐ de l'or ☐ des peaux ☐ de l'alcool

5. Comment se nomme le point central de la mythologie aborigène ?

☐ Nighttime ☐ Dreamtime ☐ Ancestral time ☐ Creation time

Exercices d'entraînement

2 Associez ces événements avec la date qui correspond.

1. Fondation de la première colonie américaine	**a.** 493
2. Ouverture de la route traversant tous les États-Unis	**b.** 1837-1901
3. Création de la couverture médicale universelle aux États-Unis	**c.** 1815-1914
4. Règne de la reine Victoria	**d.** 1803-1806
5. Apogée de l'Empire britannique	**e.** 1783
6. Mort de Saint Patrick	**f.** 1620
7. Début de l'exploration de l'Ouest canadien	**g.** 1788
8. Fondation de la première colonie australienne	**h.** 2010

3 Associez ces mots avec leur synonyme et leur traduction.

1. praiseworthy	**a.** represent	**I.** admirer
2. think highly of	**b.** revere	**II.** symboliser
3. stand for	**c.** look up to	**III.** compétence
4. worship	**d.** ability	**IV.** admirable
5. skill	**e.** commendable	**V.** vénérer

4 Complétez les phrases suivantes avec les mots de la liste.

from rags to riches – penal – the sun never sets – woodland runner – bushranger

1. The American dream is the fact of going …

2. First, Australia was a … colony.

3. Ned Kelly was a famous …

4. Étienne Brulé was a famous …

5. During its golden age, it was said that … on the British Empire.

5 Traduisez les phrases suivantes.

1. Même si les hommes de la frontière américains ont souvent été idéalisés, leur indépendance et leur autonomie sont des éléments centraux de l'identité américaine.

2. Il est intéressant de noter que les héros populaires américains, canadiens et australiens sont admirés pour les mêmes qualités, à savoir leurs compétences de survie en milieu hostile et leur indépendance.

3. L'idée centrale du rêve américain est que tout le monde peut réussir en partant de rien et ainsi passer des haillons à la richesse. Ce mythe est illustré aujourd'hui par des hommes comme Steve Jobs, Bill Gates ou Mark Zuckerberg.

Sujet de BAC

Mythes et héros – Lieux et formes du pouvoir – Sujet inédit

Doc. 1 **August 1945**

We were being briefed by the colonel for another mission. It would be our seventh since arriving in the Pacific theater six months ago. Intelligence described it as extremely risky, involving invasion of mainland Japan, and reports suggested that the Japanese had advance knowledge of our plans and were preparing a massive resistance. Stunning as this information was, we took in the details as though it were a routine briefing. We figured we'd gambled our last survival chips months before anyway.

"This is a volunteer mission," barked the colonel. "Any man who doesn't want to undertake this mission just needs to report to my quarters, stand at attention, look me in the eye, and say, 'Colonel, I'm yeller, sir!' And you'll be shipped out, back to base at Oahu on the next ship. Is that clear? Dismissed!"

After dozens of missions, we were exhausted. Although none of us said it out loud, each knew what the other was thinking. It was what I was thinking, too. I wished I had the guts to go in there and tell the colonel I was yellow.

We were too tired to admit fear, too proud. We were seasoned soldiers, veterans of the many battles that would eventually end up as battle stars on our uniforms and hang in our closets until the moths ate holes in our lapels or until some kid took the jacket off the hanger for Halloween. And we knew enough of battle to have real fear. But I feared something more than looking into the colonel's eyes and telling him I was afraid. I feared looking into my own eyes, even though in the middle of the Pacific we didn't have mirrors, and I knew that, battle-fatigued and frightened as I was, I could never bring myself to walk into the colonel's tent.

But one man, Symes, did go in to the colonel. The colonel was true to his word and transferred Symes out of the unit. His orders were to board the Jasper, a supply ship returning to Oahu to restock.

I resented Symes. I hated him. We all did. We knew that Symes had fought next to us throughout our tour, facing fire as well as any of us had, no better, no worse. But he was the only one who had the guts to say that he was a coward, and now he was going to get out of this hellhole.

We all made sure we had other things to do while Symes packed his duffel, and marched down to board the Jasper.

Then, on the morning we were preparing to board the transports, one of the Filipino truck drivers came running toward us, gesturing excitedly. "Never mind. No bother. Big bomb dropped. War over!" We turned on the radio and listened to the news of the bomb that had been dropped on Hiroshima.

As we all stood around soaking up the meaning of this news, we received a second message: the Jasper had been torpedoed at sea, all aboard lost.

Robert C. North, *True Tales of American Life*, 2001

Doc. 2 **Fear**

The scene is set in Great Britain during World War I. Nell is a young woman.

The first person they knew that came home on leave was Bill Monroe from Emerald Street. There was a big to-do one day because Bill Monroe hadn't gone back when he should have done and they sent in military policemen to take him back. His mother barred the front door with a broom handle and had to be lifted out of the way by the military policemen, one at each elbow, and Nell, who happened to be walking home from work along Emerald Street at the time, was reminded of Percy's funeral.

Bill Monroe was hauled off eventually and Nell didn't linger on the street. She felt embarrassed for him because she'd seen the look of terror on his face and thought how awful it must be to be such a coward and how unpatriotic as well – and she was surprised how many women came up to Mrs Monroe, who was raging and shouting and crying on her doorstep, and told her that she'd done the right thing.

Adapted from Kate Atkinson, *Behind the scenes at the Museum*, 1995.

COMPRÉHENSION DE L'ÉCRIT

1 Doc. 1. Write one sentence saying what sort of narrative this is.

2 Doc. 1. Say what the narrator's job is. Write a sentence and include a quote from the text.

3 Doc. 1. a. Where does the scene take place? Write a sentence and include a quote from the text.
b. How long have the men been in this place? *(write one sentence)*

4 Doc. 1. Find a quote to show:
a. What the mission is;
b. Why the mission is dangerous.

5 Doc. 1. a. What does the colonel mean when he says: "This is a volunteer mission." (l. 8)? What do the men have to do if they are not volunteers? *(20 words)*
b. Explain what the colonel means by the words "yeller" (l. 10) / "yellow" (l. 14) *(write one sentence).*

6 Doc. 1. "I feared looking into my own eyes" (l. 20). Explain in your own words what the narrator's dilemma is from lines 12 to 23. Include quotes in your answer *(around 40 words).*

7 Doc.1. Explain in your own words what Symes did and what the immediate plans for him were *(20-30 words).*

8 Doc.1. Explain in your own words how the situation finally changes for the narrator and for Symes. What is ironical about this? *(40-50 words)*

9 Doc.2. Who did Bill Monroe visit when he "came home on leave" (l. 1) and what happened during this visit? *(30 words)*

10 Doc.2. One character witnessed this episode. What did he or she think about it? *(20-30 words)*

11 **Doc.2. What about the other neighbours' attitude towards this?** *(20 words)*

12 **Doc. 1 et 2. Compare Symes and Bill Monroe: what do they have in common?** *(40-50 words)*

EXPRESSION ÉCRITE

Les candidats en LV2 *traiteront uniquement* ***le sujet 1*** *(250 mots).*
Les candidats en LV1 *traiteront obligatoirement* ***le sujet 1*** *(150 mots)* ***et le sujet 2*** *(150 mots), en s'appuyant sur le document tremplin.*

1 **Imagine the conversation between the men in Text 1, when they heard the news about the Jasper.**

2 **What does being a hero mean to you? Give examples taken from history.**

Doc. tremplin **Sir William Wallace (1272-1305), a Scottish knight who fought the English during the First War of Scottish Independence**

Testez-vous !

p. 145

1. **b.** **2.** **a.** **3.** **c.** **4.** **c.**

p. 147

1. **Vrai** **2.** **Faux** → Il a été à son apogée en termes de puissance politique et commerciale. **3.** **Vrai** **4.** **Faux** → La fête nationale irlandaise est la Saint Patrick, le 17 mars. **5.** **Faux** → C'est la fête païenne d'Halloween qui a été réutilisée par les prêtres chrétiens pendant la conversion de l'Irlande.

p. 149

1. **b.** **2.** **c.** **3.** **b.** **4.** **a.**

p. 151

1. **a.** **2.** **c.** **3.** **c.** **4.** **b.** **5.** **c.**

p. 153

1. synonymes **2.** contraires **3.** synonymes **4.** contraires **5.** synonymes

Vérification des connaissances

1

1. 33 %
2. J. D. Rockefeller
3. *the workshop of the world*
4. des peaux
5. *Dreamtime*

Exercices d'entraînement

2

1. f **2.** d
3. h **4.** b
5. c **6.** a
7. e **8.** g

3

1. e. IV **2. c. I** **3. a. II** **4. b. V** **5. d. III**

Gagnez des points !

1. Il y a également *laudable* et *admirable*

4. Il y a également *idolize* et *venerate*

4

1. from rags to riches **2.** penal

3. bushranger **4.** woodland runner **5.** the sun never sets

5

1. Even if the American frontiersmen have often been idealised, their independence and self-reliance are central elements in the American identity.

2. It is interesting to note that the American, Canadian and Australian popular heroes are looked up to from the same qualities, namely their survival skill in a hostile environment and their independence.

3. The central idea of the American dream is that everyone can start from scratch and succeed thus passing from rags to riches. This myth is embodied today by such men as Steve Jobs, Bill Gates or Mark Zuckerberg.

Sujet de BAC

COMPRÉHENSION DE L'ÉCRIT

1 This text is a first person narrative which is very probably autobiographical.

2 The narrator is in the American army, he is a "seasoned soldier, [a] veteran of many battles" (l. 15-16).

3 a. The scene takes place at the end of World War II, "in the middle of the Pacific" (l. 22).

b. The men have been there for six months.

4 a. The mission involves "invasion of mainland Japan" (l. 3).

b. The mission is extremely risky because "the Japanese had advanced knowledge of our plans and were preparing a massive resistance" (l. 4-5).

5 a. The colonel means that only the men who will accept to undertake this mission will be sent there. The men who are not volunteers have to report to the colonel and say that they are "yeller".

b. By the word "yeller" (or "yellow"), the colonel actually means that the soldiers who will not volunteer for this mission are "cowards", that is to say that they lack courage.

6 The narrator is caught in a dilemma: **either** he volunteers for this very dangerous mission and **therefore** risks his life ("we knew enough of battle to have real fear" (l. 18-19), **or** he reports to the colonel saying he is afraid but **then** he will lose his self-esteem and despise himself forever ("I feared looking into my own eyes" (l. 20).

> **Gagnez des points !**
> Utilisez *either…, or…* pour exprimer le choix auquel est confronté le narrateur, et *therefore / then / consequently* pour en exprimer les conséquences.

7 Symes went to see the colonel to tell him he didn't accept the mission. He was to be transferred out of the unit to the Oahu base by ship.

8 Just before the men leave to fulfil their mission, they learn that an atomic bomb has been dropped on Hiroshima and that the war is over. As a consequence, the mission is cancelled and the narrator will be able to go home. However, they also learn that the ship taking Symes to Oahu has sunk, which means that Symes is dead. This ending is ironical because the one who was the more likely to die survives, **whereas** the one who was supposed to avoid death actually perishes.

> **Gagnez des points !**
> Utilisez *whereas* pour exprimer le paradoxe à l'origine de cette ironie.

9 When he came home on leave, Bill Monroe visited his mother and decided not to return to the Front. In spite of his mother's desperate attempt at preventing the military policemen from taking him back, he was eventually dragged off.

> **Piège à éviter**
> Attention à ne pas recopier le texte source. Vous devez résumer la situation avec vos propres mots.

10 Nell, a young woman, witnessed the scene as she was accidentally passing by Bill's mother's house. She found the situation demeaning for the young man and disapproved of his cowardice and lack of patriotism. She also failed to understand why so many women came to comfort Bill's mother.

11 Unlike Nell, the other neighbours praised Bill's mother for what she had done: as mothers who probably had sons fighting on the Front, they understood her grief and sympathized with her. According to them, trying to stop the policemen from taking Bill away was the right thing to do.

12 Both Symes and Bill Monroe are soldiers who have fought on the Front and who, one day, decide that they have had enough and refuse to keep fighting, either by turning down a risky mission for the former, or by failing to return from his leave for the latter. As a consequence, both of them are resented and looked down on, as they are considered as cowards and traitors.

EXPRESSION ÉCRITE

Les mots et expressions en gras peuvent s'avérer particulièrement utiles pour ce type de sujets.

Piège à éviter

Pensez à faire apparaître le nom de l'auteur et à inventer d'autres noms pour les autres soldats !

1 As we all stood around soaking up the meaning of this news, we received a second message: the Jasper had been torpedoed at sea, all aboard lost. We looked at each other for a while, **bewildered.** At long last, I broke the silence:
"Symes is dead! I can't believe it!"
"Come on, **North!** You're not going to cry over this **chicken,** are you?" said **Blake,** a six-foot-tall Texan from Houston.
"Yeah, **it's only fair!**" added **McPherson,** his buddy. "That **yellow-belly** just got what he **deserved!**"
"Hey, guys! Don't talk about Symes like that!" I retorted. "You can't deny Symes has always fought next to us, and faced fire as well as any of us! I won't let you say he was **chicken-hearted…**"
"North's right, guys," said **Brown,** my best friend in this hellhole. "You're just jealous because Symes had **the guts to** turn down the mission! Everyone here would have loved to do the same, you included, but we never **dared** say so, for fear the others might call us **cowards!**"
Blake was about to reply when the colonel showed up. We all stood **at attention.**
"**At ease!**" he barked. "Haven't you heard the news? The war is over, you morons! You should all be **packing** your duffels and getting ready to go home, instead of fighting over that poor bastard! Symes made a choice: it turns out it wasn't the right one! Too bad for him! **May his soul rest in peace…** Now, I want to see you all ready to leave in ten minutes, so look sharp, unless you'd like to take an extra vacation in this earthly paradise! Is that clear? **Dismissed!**"

2 Originally, a hero was a demigod: a mortal man **gifted with** superhuman powers. Today, a hero (or a heroine!) is rather a man (or a woman!) of distinguished **bravery** or **strength,** or an illustrious person who is venerated and idealized.
It should be borne in mind that most heroes are **anonymous:** in hospitals, surgeons, doctors and nurses work together **to save lives** on a daily basis. The N.Y.C. fire-fighters who risked their lives searching the ruins of the World Trade Center after the September 11th terrorist attacks can also be rightfully considered as heroes. The same thing can be said of people working for **humanitarian aid** in **Third World countries.**

Some **world famous political leaders** can also be said to be heroes, insofar as they contributed to change the lives of millions of people. One cannot but think of Gandhi of course, whose peaceful **struggle** led to the independence of India in 1947 and who greatly influenced other major **Civil Rights activists** such as Steve Biko in South Africa, Martin Luther King in the U.S.A., or Aung San Suu Kyi in Myanmar. However, to me, a hero is a plain, ordinary person who one day does something really brave, without even being aware of its potential consequences. In my opinion, one of the best examples to illustrate this is Rosa Parks, this black American lady who in 1955 refused to give up her bus seat to a white man, thus breaking **a highly discriminatory law.** Her subsequent arrest **triggered** the boycott of the city buses by black people, and **initiated** the Blacks' Civil Rights Movement which eventually **put an end to** racial segregation in the U.S.A.

CHAPITRE 8

Espaces et échanges

1 Économie

1 Mondialisation

Le terme « mondialisation » est aussi utilisé pour parler des échanges entre les différentes cultures.

- La mondialisation (*globalization*) est l'ouverture des économies nationales sur un marché à l'échelle planétaire. La mondialisation est favorisée par **l'interdépendance** entre les pays qui s'achètent et se vendent leurs productions, par la **déréglementation**, la **délocalisation de l'activité**, le **développement des moyens de transport et de télécommunication**.
- Pour ses partisans, la mondialisation est nécessaire pour que les pays du tiers-monde se développent. Par exemple, les cafés américains Starbucks payent les serveurs de leurs enseignes de Pékin 6 $ pour huit heures de travail, alors que pour douze heures, les serveurs des salons de thé chinois reçoivent 3,75 $.
- La mondialisation offre aussi plus de possibilités aux entreprises et favorise les consommateurs grâce à une concurrence plus importante. Par les échanges interculturels, elle permet également à l'homme d'ouvrir ses horizons.

2 Opposants à la mondialisation

Altermondialistes = partisans d'une mondialisation contrôlée ; antimondialistes = partisans de la suppression du système.

- Pour ses détracteurs, les alter ou antimondialistes, la mondialisation est responsable des difficultés qu'ont les petites entreprises pour survivre face à la domination des grandes entreprises multinationales. Selon eux, la mondialisation provoque aussi l'augmentation des délocalisations et du chômage, ainsi qu'un nivellement culturel.
- Le mouvement **altermondialiste** met en avant des valeurs comme la justice économique, la protection de l'environnement ou les droits humains, autour du slogan « Un autre monde est possible » (“*Another world is possible*”).
- Le mouvement *Occupy Wall Street* organise des manifestations pacifiques dans le quartier financier de New York à la manière du Printemps arabe (*Arab Spring*). Unis derrière le slogan « *We Are The 99 %* », ils souhaitent un changement initié par la population affectant la société de sa base vers son sommet (*from the bottom up*), et affirment leur refus de tolérer l'avidité des 1 % à la tête des institutions politiques et économiques.

3 Exemples

Phénomènes	Exemples
Interdépendance des pays	• Interdépendance de la Chine et des États-Unis : d'après le sinologue américain Sidney Rittenberg, *"The relationship is based on the fact that Americans buy Chinese products. [...] China takes the money and finances the national debt in America."* « La relation est basée sur le fait que les Américains achètent des produits chinois. [...] La Chine prend l'argent et finance la dette nationale américaine. »
Avantages de la mondialisation	• La multiplication des échanges a produit une croissance mondiale. Depuis la deuxième guerre mondiale, la production mondiale a été multipliée par 6. • Amélioration de l'état des populations mondiales : entre 1993 et 1994, l'Index de développement humain (*Human Development Index*) moyen mondial a augmenté (il est calculé en fonction de l'espérance de vie, du niveau d'éducation et du niveau de vie).
Inconvénients de la mondialisation	• Accroissement des inégalités : augmentation de la population pauvre. Ce phénomène caractérise aussi les pays riches. 1,2 milliards de personnes ont moins de 1 $ par jour pour vivre dans le monde. ← Les paysans de certains pays en voie de développement favorisent par exemple la culture du café pour l'exporter, au détriment des cultures vivrières ; ils doivent donc acheter leur nourriture.
Mesures altermondialistes	• Le commerce équitable (*fair trade*) : il s'agit d'acheter les productions à des prix convenables pour les producteurs des pays en développement, en réduisant les intermédiaires. Il garantit le respect des droits fondamentaux (non exploitation des enfants, refus du travail forcé) et encourage les modes de production préservant l'avenir.

Testez-vous !

Vrai ou faux ?

1. Les nouveaux moyens de communication sont un frein à la mondialisation.
☐ vrai ☐ faux

2. Le terme « mondialisation » concerne uniquement le domaine économique.
☐ vrai ☐ faux

3. Tous les altermondialistes sont favorables à une mondialisation maîtrisée.
☐ vrai ☐ faux

4. La mondialisation accroit les richesses, mais aussi les inégalités.
☐ vrai ☐ faux

→ **Réponses p. 174**

2 Immigration et intégration

1 Population et immigration

- La population du Royaume-Uni représente environ **60 millions** de personnes, dont 7 millions d'immigrés. La moitié vient des pays d'Europe, et l'autre moitié des anciens pays du Commonwealth, principalement d'Inde, du Pakistan et du Bengladesh. En 2001, les minorités ethniques représentaient ainsi 6,5 % de la population britannique. Environ 200 langues sont aujourd'hui parlées à Londres.
- En 2009, la population des États-Unis s'élevait à **307 millions** de personnes. Les États-Unis sont le premier pays d'immigration du monde : près de 8 millions de personnes s'y sont installées entre 2001 et 2005, légalement ou illégalement. En 2006, les minorités ethniques représentaient 33,3 % de la population. New York est ainsi l'une des villes les plus cosmopolites du monde avec des habitants de 200 nationalités différentes pour environ 250 langues parlées.

> Selon une étude du *Pew Research Center*, ces minorités représenteront 53 % de la population aux environs de 2050.

2 Modèles d'intégration

- Le ***melting-pot*** (le creuset) : métaphore du principe d'assimilation. Selon ce principe, les immigrants venus aux États-Unis vont abandonner progressivement leurs différences culturelles et religieuses. Comme différents métaux fondus dans un creuset, ils vont perdre leurs caractéristiques (dans le cas des immigrés, leurs spécificités culturelles) et former un nouvel alliage : **l'identité américaine**.

> Un creuset est un récipient dans lequel les métaux sont fondus.

- Ce modèle a fonctionné pour les immigrants venus d'Europe du Nord partageant déjà une culture et des traditions proches. Il fut remis en cause par l'arrivée de cultures plus différentes avec les immigrants venus d'Amérique du Sud, d'Europe du Sud, d'Asie et avec l'amélioration de la situation de la population noire suite au mouvement des droits civiques. Il a donc laissé sa place à un modèle plus multiculturel : le ***salad bowl***.
- Le terme *salad bowl* (saladier) est une réponse au *melting-pot*. La diversité de la population américaine est comparée à une salade composée où tous les ingrédients sont mélangés et où chacun garde sa saveur : dans le cas des immigrés, leur culture et leurs traditions. Ce modèle existe également au Canada sous le nom de « **mosaïque** ».

3 Impact culturel de l'immigration et de la mondialisation

Phénomènes	Pays	Exemples
Mesures multiculturelles Elles permettent par exemple de ne pas être handicapé par le fait de ne pas parler la langue du pays où l'on réside.	États-Unis	• Au sud des États-Unis, dans de nombreuses villes de la *Sunbelt*, les panneaux routiers sont rédigés en anglais et en espagnol. • Depuis 1975, les États doivent imprimer les bulletins de vote en langues indiennes, asiatiques ou espagnole si ces minorités ethniques représentent plus de 5 % de leur population. La *Sunbelt* (ceinture de soleil) est la partie sud des États-Unis allant de la Floride à la Californie, nommée ainsi entre autres pour son ensoleillement.
Échange culturel Considéré comme positif, il correspond à une plus grande ouverture vers d'autres cultures.	États-Unis	La nourriture Tex-Mex est née d'un mélange des recettes traditionnelles texanes et mexicaines.
	Royaume-Uni	Le *fish and chips* (poisson pané-frites) a été remplacé comme plat favori des britanniques par le poulet tikka massala, issu de la cuisine indienne.
Standardisation Liée à l'omniprésence de certaines marques et produits, elle accélère la disparition des particularités culturelles.	Chine	Le parc forestier national à Zhangjiajie a inspiré les décors du film *Avatar* et a été rebaptisé Avatar Mountain en janvier 2010.
	Monde	McDonald's : 30 000 enseignes sur la planète. En 2010, la chaîne de restaurants prévoyait 490 ouvertures dans le monde.

Testez-vous !

Cochez la bonne réponse.

1. Sur ses 60 millions d'habitants, le Royaume-Uni compte …

[a] 5 millions d'immigrés [b] 6 millions [c] 7 millions

2. À New York, on parler environ …

[a] 200 langues [b] 250 [c] 300

3. De quelle origine est le plat préféré des britanniques ?

[a] indienne [b] mexicaine [c] chinoise

4. Quand les minorités américaines deviendront-elles une majorité ?

[a] 2030 [b] 2040 [c] 2050

→ Réponses p. 174

3 Espaces et échanges : vocabulaire

1 Vocabulaire général

border	frontière	
decrease	diminution	opp : *increase*
demographic evolution	évolution démographique	
demography	démographie	
development	développement	
favour	favoriser	syn : *make easier*
means of communication	moyens de communication	
means of transportation	moyens de transport	
opening	ouverture	
protection	protection	
protectionism	protectionnisme	
third world	Tiers Monde	
trade	commerce	
travel	voyager	
trigger	déclencher, engendrer	syn : *provoke*

2 La mondialisation

advocate	défenseur, défendre	syn : *supporter, upholder*
anti-globalism	alter/antimondialisme	
be responsible for	être responsable de	syn : *be accountable / answerable for*
competition	concurrence, compétition	
consume	consommer	
consumer	consommateur	
consumption	consommation	
deregulation	déréglementation	opp : *regulation*
exchange	échange, échanger	
factory	usine	
fair trade	commerce équitable	
financial crisis	crise financière	
firm	entreprise	syn : *company*
globalization	mondialisation	
interdependency	interdépendance	
liberalization	libéralisation	
liberalization of trade	libéralisation du commerce	
market	marché	

Attention, il n'existe qu'un mot anglais pour alter et antimondialisme.

purchase power	pouvoir d'achat	
relocation	délocalisation	
reform	réforme, réformer	
unemployment	chômage	
unemployment rate	taux de chômage	

3 Immigration et cultures

assimilation	assimilation	
cosmopolitan	cosmopolite	
cultural standardization	standardisation culturelle	
diversity	diversité	*ethnic diversity*
ethnic minority	minorité ethnique	
illegal immigration	immigration illégale	
immigrant	immigrant	*alien* immigrant clandestin *(péjoratif)*
integration	intégration	
immigration wave	vague d'immigration	
melting pot	creuset	
mixing of cultures	mélange des cultures	
multiculturalism	multiculturalisme	*multicultural* (adj)
narrow minded	étroit d'esprit, fermé	
narrow mindedness	étroitesse d'esprit	
open minded	ouvert d'esprit	syn : *broad minded*
open mindedness	ouverture d'esprit	
quota	quota	*immigration quotas*
salad bowl	saladier	

Testez-vous !

Choisissez la bonne traduction.

1. délocalisation
[a] delocalization [b] relocalization
[c] relocation

2. commerce équitable
[a] equal sale [b] fair trade
[c] equal trade

3. déclencher
[a] trigger [b] uphold
[c] reform

4. ouvert d'esprit
[a] broad minded [b] narrow minded
[c] empty minded

→ **Réponses p. 174**

Vérification des connaissances

1 Cochez la bonne réponse.

1. Quel élément ne rentre pas dans le calcul du *Human Development Index* ?

☐ le niveau de vie ☐ l' espérance de vie ☐ l'éducation ☐ la production

2. Combien de personnes dans le monde vivent avec moins d'un dollar par jour ?

☐ 1,2 millions ☐ 12 millions ☐ 120 millions ☐ 1,2 milliards

3. Combien d'immigrants se sont installés aux États-Unis entre 2001 et 2005 ?

☐ 500 000 ☐ 1 million ☐ 8 millions ☐ 12 millions

4. Quelle ville abrite 200 nationalités et 250 langues ?

☐ Londres ☐ New York ☐ Montréal ☐ Sydney

5. Quel est le plat favori des britanniques ?

☐ le poulet tikka massala ☐ le *fish and chips* ☐ les nems ☐ la pizza

Exercices d'entraînement

2 Associez ces mots à leur traduction et à leur synonyme.

a. open minded	**1.** favoriser	**I.** provoke
b. firm	**2.** défenseur	**II.** be accountable for
c. favour	**3.** être responsable de	**III.** company
d. trigger	**4.** entreprise	**IV.** make easier
e. advocate	**5.** ouvert d'esprit	**V.** upholder
f. be responsible for	**6.** déclencher	**VI.** broad minded

3 Classez ces termes dans la famille qui leur convient.

trade – diversity – multiculturalism – interdependency – competition – mixing of cultures – cosmopolitan – anti globalism – immigration

globalization	cultural exchange

4 Traduisez les phrases suivantes.

1. Pour ses partisans, la mondialisation offre plus de possibilités stratégiques aux entreprises et favorise les consommateurs en leur fournissant un plus grand choix de marchandises.

2. Selon les opposants de la mondialisation, celle-ci provoque une standardisation des cultures, par exemple avec l'influence de marques comme McDonald's ou les films hollywoodiens.

Sujet de BAC

Espaces et échanges – Sujet inédit

Doc. 1 **Expectations**

Father Flood was tall; his accent was a mixture of Irish and American.

When Eilis returned she realized that Father Flood had heard about her job at Miss Kelly's, had found out about her pay and had expressed shock at how low it was. He inquired about her qualifications.

"In the United States," he said, "there would be plenty of work for someone like you and with good pay."

"She thought of going to England," her mother said, "but the boys said to wait, that it wasn't the best time there, and she might only get factory work."

"In Brooklyn, where my parish[1] is, there would be office work for someone who was hard-working and educated and honest."

"It's very far away, though," her mother said. "That's the only thing."

"Parts of Brooklyn," Father Flood replied, "are just like Ireland. They're full of Irish."

He crossed his legs and sipped his tea from the china cup and said nothing for a while. The silence that descended made it clear to Eilis what the others were thinking. She looked across at her mother, who deliberately, it seemed to her, did not return her glance, but kept her gaze fixed on the floor. Rose, normally so good at moving the conversation along if they had a visitor, also said nothing. She twisted her ring and then her bracelet.

"It would be a great opportunity, especially if you were young," Father Flood said finally.

"It might be very dangerous," her mother said, her eyes still fixed on the floor.

"Not in my parish," Father Flood said. "It's full of lovely people. A lot of life centres round the parish, even more than in Ireland. And there's work for anyone who's willing to work."

Colm Toibin, *Brooklyn*, 2009

1. *Parish: name given to the Christian community attached to a church*

Doc. 2 **A remarkable trip**

But the best of all the stories were, naturally, the ones told by my mother's father, since after all he was the only one of my relatives who'd made the remarkable trip to America and had been old enough at the time to have anything to remember about it. *How was the trip to America, you want to know?* my grandfather would repeat, chuckling softly, when I interviewed him about his life. *I couldn't tell you, because I was in the toilet throwing up the whole time!* But of course this self-deprecating joke, meant to suggest that there was no story to tell, was part of the story of his coming to America, a story, as I knew, that had many chapters. In no particular order, I remember, now, these stories: the one about he and his sister, my glum Aunt Sylvia, whom he always called *Susha*, and whose name appears on the passenger manifest, now available online through the Ellis Island database, as *Sosi Jäger*, had traveled "for weeks" to get from Lwow to Rotterdam "where the boat was waiting," he would say, and being a child with little knowledge of the world, I would be impressed, back then, to think that such a big boat would wait for these two young people from Bolechow, a false impression that my grandfather did little to correct; and then how, after the long trip on the train, from Lwow to Warsaw, then Warsaw through Germany to the Netherlands, they almost missed the boat, because the girls had such long hair.

Because the girls had such long hair?! I would exclaim.

Yes, because the girls had such long hair! he would go on, sitting there in the webbed garden chair on the broad stoop outside the front door to my parents' house. And then he would tell me how, before boarding the big boat that took him and my perennially disappointed aunt to America, all the steerage[1] passengers had to be inspected for lice, and because the girls, including my twenty-two-year-old great-aunt Sylvia, had such long hair in those days, these preboarding examinations took a very long time, and at a certain point my grandfather panicked.

So what did you do? I would ask, on cue[2].

And he would say, so I yelled *Fire! Fire!* and in all the confusion, I took your aunt Susha's hand and we ran up the gangplank and got on the boat! And that's how we came to America.

Daniel Mendelsohn, *The Lost*, 2006

1. *Steerage:* third-class
2. *On cue:* at exactly the moment you expect or that is appropriate

COMPRÉHENSION DE L'ÉCRIT

1 What are the common points and the differences between these two texts (nature, topic)?

2 Doc. 1. Name the characters who are present.

3 Doc. 1. What is the main topic of the conversation?

4 Doc. 1. a. What is Eilis's present situation?
b. What had she intended to do before Father Flood's visit?
c. Why didn't she carry out her plans? Give two reasons.

5 Doc. 1. a. What is the reason for Father Flood's visit to Eilis's house?
b. What suggestion did he make as far as her future is concerned? Give his arguments *(30-40 words).*

6 Doc. 2. Say what itinerary was followed on this "remarkable trip" (l. 3) (cities, countries, means of transport).

7 Doc. 2. a. How many characters made that remarkable trip? Give their names and ages when it is possible.
b. How were they related to each other?
c. How is the narrator related to them?

8 Doc. 2. a. Why was the girls' long hair a problem?
b. How was it solved?

9 Doc. 2. Guess why the characters emigrated to America (give at least 3 reasons).

EXPRESSION ÉCRITE

Les candidats en LV2 *traiteront* ***au choix*** *le sujet 1* ***ou*** *le sujet 2 (250 mots).*

Les candidats en LV1 *traiteront* ***au choix*** *le sujet 1* ***ou*** *le sujet 2 (150 mots)* ***et*** *traiteront* ***le sujet 3*** *(150 mots).*

1 Imagine the conversation between Eilis and her mother before she leaves to go abroad.

2 One day, the narrator in document 2 asks Sylvia about her version of the story. It turns out to be completely different. Imagine their conversation.

3 Do you think the American Dream still exists today?

Testez-vous !

p. 165

1. Faux → Les moyens de communication aident à la mondialisation.

2. Faux → Il existe une forme culturelle de mondialisation.

3. Faux → Les altermondialistes veulent une réforme du système, les antimondialistes veulent sa suppression.

4. Vrai

p. 167

1. a **2. b** **3. a** **4. c**

p. 169

1. c **2. b** **3. a** **4. a**

> **Gagnez des points !**
> 3. Au Royaume-Uni, le marché des restaurants indiens représente plusieurs milliards de dollars.

> **Remarque**
> 4. Selon cette même étude, les hispanophones représenteront à eux seuls 29 % de la population.

> **Pièges à éviter**
> 2. Ces 1,2 milliards incluent aussi des habitants de pays développés.
> 3. Les États-Unis sont la première destination des immigrés dans le monde.

Vérification des connaissances

1

1. la production
2. 1,2 milliards
3. 8 millions
4. New York
5. le poulet tikka massala

Exercices d'entraînement

2

a. 5. VI **b. 4. III** **c. 1. IV** **d. 6. I** **e. 2. V** **f. 3. II**

3

globalization	cultural exchange
trade – interdependency – competition – anti-globalism	diversity – multiculturalism – mixing of cultures – cosmopolitan – immigration

4 **1.** For its advocates, globalization offers more strategic possibilities to companies and favours customers by offering them a greater choice of goods.

2. According to the opponents to globalization, it triggers a cultural standardization, for instance with the influence of brands such as McDonald's or with the Hollywood films.

Sujet de BAC

COMPRÉHENSION DE L'ÉCRIT

1 Both texts are extracts from contemporary novels. They both deal with emigration to the USA. However, while Document 1 deals with a young woman who is about to leave Ireland to go and settle in the USA, Document 2 tells us about a man who emigrated to the USA a long time ago.

2 Four characters are present in this text: Eilis, a young Irish woman, her mother, another woman whose name is Rose and who might be Eilis's sister, and a priest, Father Flood.

> **L'astuce du prof**
> Faites une suggestion quant à l'identité de Rose et son lien de parenté avec l'héroïne.

3 The conversation mainly deals with sending Eilis to America so that she can find work.

4 **a.** Eilis lives with her mother. Her brothers have gone to work in England. She works at Miss Kelly's but she complains about her low wages and difficult working conditions.
b. Before Father Flood's visit, she had intended to go and work in England.
c. She didn't carry out her plans because her brothers had told her it wasn't the right moment and that she would get only factory work there.

5 **a.** Father Flood has come to convince Eilis and her mother that going to America is the best thing for her to do.
b. Father Flood stresses the fact that Eilis could easily find a well-paid and interesting job in America. What's more, he reassures her mother by saying that Brooklyn is not dangerous and not very different from Ireland as there are many lovely Irish people there. Last, he insists on the importance of the parish to show that Eilis would be safe and closely looked out for.

6 The travellers left from Bolechow and went to Lwow (Ukraine) to take the train to Warsaw (Poland) and then across Germany to Rotterdam, in the Netherlands, where they took a boat to go to America, more precisely to Ellis Island, in New York Harbour.

> **Piège à éviter**
> Ne mentionnez que les noms de pays qui apparaissent dans le texte. Quant aux autres, ne les mentionnez que si vous êtes sûr de les connaître!

7 **a.** Two characters made this "remarkable trip": a man whose name or age we don't know and a woman named Sylvia, aka Susha or Sosi Jäger, who was 22 years old at the time.
b. They were brother and sister.
c. The narrator is the man's grandson and so Sylvia's great-nephew.

8 **a.** Having long hair was troublesome for girls as it meant waiting long hours before being allowed to board the ship to the USA. Indeed third-class passengers, who

travelled in the steerage, had to have their hair checked for lice which, in the case of girls with long hair, took a long time and could make their families miss the boat.
b. For fear they might miss the ship, the narrator's grandfather cut the inspection short by shouting "Fire! Fire!" so that in the subsequent jostle they managed to run and board the ship on time.

9 We may guess Sylvia and her brother left Ukraine to escape religious persecution which was frequent against Jews, or to flee the war or else to find brighter prospects in the USA.

EXPRESSION ÉCRITE

Les mots et expressions en gras peuvent s'avérer particulièrement utiles pour ce type de sujets.

1 Eilis and her mother were in Cork **harbour,** waiting for her **to board** the **liner** for New York City. They were standing in the **crowd,** Eilis clutching her little plaid **suitcase.**

"Are you sure you want to do this, Darling?" her **red-eyed** mother asked for the hundredth time in three days. Even though she had initially agreed to this arrangement, she was now **remorseful** and **reluctant** to let her youngest child go.

"Yes, Mum, I do! You've heard Father Flood: it's a great opportunity! I'll be able to find an interesting job, with **decent wages…** I'll even be able **to attend night school** and study **bookkeeping!**"

"I know, but…" her mother said, **sniff**ing. "How will you manage without us, your family?"

"Don't worry, the lady who runs **the boarding house** is said to be very nice, she'll look after me just like you would!"

"And promise me you'll stay away from boys!" her mother warned. "They'll try to talk you into doing forbidden things!"

"I promise you I'll be **careful**…" Eilis sighed. "You can be sure Father Flood will **keep an eye on** me: he'll let you know if I **misbehave**!"

> **L'astuce du prof**
> Réutilisez les craintes exprimées par la mère d'Eilis dans le texte, et les arguments avancés par Father Flood pour la rassurer.

Suddenly the ship **horn** blew, startling both women.

"This is it, Mum! I have to go now…"

Eilis's mother **burst into tears**. "Oh, how I wish I had put my foot down and refused to let you go! I'll miss you so much!"

"I'll miss you too, Mum!" Eilis said, **hugg**ing her mother one last time. She was shoved by the crowd onto the **gangplank** to the ship. She waved to her mother: "Hug Rose for me! I'll write as soon as I can! I love you!"

2 Once, I was eager to know if my grandfather's story had not been entirely **made up** by him for the sake of **whet**ting my curiosity. I decided to ask my great-aunt Sylvia, for her own version of the story.

"Well," she started, "have you noticed how your grandfather is always **chuckling** when talking about our voyage to America?" she inquired.

"I have, Aunt Sylvia."

"Look, he is **a jester**! His stories are pure **fancies**! Let me tell you what really happened. It is true that my hair was long at the time but that is not the reason why we almost missed the boat. The real reason is that he was so anxious about leaving for good that he was sick even before getting on board. He had an awful **stomach-ache** which prevented him from walking. You know he is a perpetual worrier!"

"What was he most worried about?"

"Just about everything! We didn't know where exactly we were going, nor how long the voyage would last or what the future **had in store for** us! Going to America meant **starting from scratch** altogether… My brother had a hard time handling all those problems at once and for three weeks he could not eat anything."

"So he did make up that story about yelling "Fire!" and running…" I said knowingly.

"Yes indeed! I was the one who had **to shove** him up **the gangplank** and onto that boat!"

"Thank you, Aunt Sylvia; it's good to know **the truth** at last!"

3 The "American Dream" is a term which originally referred to the belief that, in America, one could have access to **fundamental liberties, climb the social ladder** and **achieve prosperity** through hard work, courage and determination. But does the American Dream still exist today?

If I consider the growing numbers of people who are ready to risk their lives trying to cross the American **borders** so as to enter the U.S.A. illegally, or those who repeatedly **subscribe to** the government's annual lottery hoping to get **a green card** to be able to work and **make it** in the U.S.A., I can only acknowledge the fact that America is still considered as **a promised land** by millions of desperate ones all over the world. To the **down-and-out** Mexicans, to the **needy** Filipinos, to the world's **have-nots,** the U.S.A. is still **an El Dorado** where everything is possible.

> **Gagnez des points !**
> Mobilisez vos connaissances en civilisation américaine (pays d'origine des immigrés, principe d'obtention de la Carte Verte).

However, I am well aware that a dream is also an illusion. The U.S.A.'s unrivalled **economic growth** still enables a handful of lucky ones **to achieve wealth,** but for a few winners, how many losers?

CHAPITRE 9

Lieux et formes de pouvoir

1 Formes et lieux emblématiques du pouvoir

1 Le pouvoir des médias

- La presse est nommée « **le quatrième pouvoir** », après les pouvoirs législatif (*the legislative power*), exécutif (*the executive power*) et judiciaire (*the judicial power*), car elle peut avoir un énorme impact sur la vie politique d'un pays.
- **Le scandale du Watergate** : le 17 juin 1972, pendant la campagne présidentielle, cinq cambrioleurs sont arrêtés dans l'immeuble du Watergate à Washington, quartier général du parti démocrate. Le *Washington Post* a révélé que leur but était de poser des micros pour écouter le camp démocrate sur ordre du président républicain Nixon. Ce dernier fut contraint de démissionner en 1974.

> Carl Bernstein et Bob Woodward ont reçu le prix Pulitzer du journalisme en 1973 pour la couverture du scandale du Watergate.

- **L'affaire Hazel Blears** : selon *The Telegraph*, en 2009, la secrétaire d'État britannique aux Communautés et gouvernement local a fraudé lors d'une vente immobilière. Faisant passer sa résidence secondaire pour sa résidence principale, elle a évité la taxe sur les bénéfices de la vente. Elle a ensuite démissionné.

2 Le pouvoir de l'opinion publique : le *lobbying*

- Un **lobby** est un groupe de pression destiné à persuader les dirigeants au pouvoir de soutenir ou s'opposer à certaines mesures ou projets.

> La NRA *(National Rifle Association)* est un lobby qui défend le droit au port d'armes aux États-Unis.

- Le ***lobbying*** : la loi américaine permet aux entreprises, syndicats ou groupes de citoyens de créer des PAC (*Political Action Comities)* et d'y verser des fonds qui seront utilisés pour financer la campagne d'un candidat, généralement en échange de promesses sur les mesures que ce candidat prendra une fois au pouvoir.
- En 2010, la Cour suprême autorise les entreprises à soutenir un candidat en campagne sans limite financière, sans avoir à s'identifier. Dans un but de transparence, Barack Obama crée une loi pour s'opposer à cette décision et obliger les donateurs à s'identifier. Face à l'opposition de la NRA, il ajoute une série d'exceptions à sa loi pour les groupes de plus d'un million de personnes, dont la NRA et ses quatre millions de membres.

> En 2008, 5,3 milliards de dollars ont été récoltés et utilisés durant les différentes élections américaines.

3 Lieux emblématiques du pouvoir

Villes	Lieux emblématiques	Présentation et anecdotes
Washington (États-Unis)	• *The White House* La Maison Blanche	Résidence du président américain, construite de 1792 à 1800. Depuis la seconde guerre mondiale, elle abrite un bunker souterrain, le Centre d'opérations d'urgence présidentiel (*the Presidential Emergency Operations Center*).
	• *The United States Capitol* Le Capitole	Siège du congrès américain à Washington (pouvoir législatif).
Arlington (États-Unis)	• *The Pentagon* Le Pentagone	Département de la Défense. Il a été la cible d'un des attentats du 11 septembre 2001.
Londres (Royaume-Uni)	• *Buckingham Palace* Le palais de Buckingham	Résidence du souverain britannique. Si l'*Union Jack* y flotte, la Reine est absente ; si c'est le drapeau royal (*the Royal Standard*), la Reine est présente.
	• *10 Downing Street*	Résidence du Premier ministre britannique. Autrefois ouverte au public, la rue a été fermée suite à un attentat de l'IRA (*Irish Republican Army*) en 1991.
	• *Westminster Parliament* Le Parlement	Il abrite le célèbre *Big Ben*. Le drapeau de l'*Union Jack* indique que le Parlement est en session.

Testez-vous !

Cochez la bonne réponse.

1. Suite au scandale du Watergate, quel président a démissionné ?

[a] Ronald Reagan [b] Richard Nixon
[c] Bill Clinton

2. La *National Rifle Association* est :

[a] un lobby [b] une entreprise
[c] un syndicat

3. Les campagnes des élections ont établi un record aux États-Unis avec :

[a] 5,3 milliards de dollars
[b] 3,9 milliards de dollars
[c] 2,8 milliards de dollars

4. Au sous-sol de la Maison Blanche, on trouve :

[a] la résidence du Premier ministre
[b] un musée [c] un bunker

5. On peut savoir si la Reine est à Buckingham grâce :

[a] à la sonnerie de *Big Ben*
[b] au drapeau
[c] aux fenêtres ouvertes

→ Réponses p. 192

2 Résistance au pouvoir et lutte pour les libertés (1)

1 États-Unis : le mouvement des droits civiques *The Civil Rights Movement*

• Malgré l'abolition de l'esclavage en 1863, les États du sud des États-Unis ont continué ensuite à pratiquer légalement **la ségrégation** de la population noire dans les lieux publics (écoles, restaurants, bus, etc.) en s'appuyant sur les *Jim Crow Laws*.

> Contraires à la constitution, les *Jim Crow Laws* revendiquaient le principe *separate but equal* mais légalisaient la discrimination socio-économique, éducative et électorale.

• Le 1er décembre 1955 est le grand tournant de la lutte contre ces discriminations. À Montgomery en Alabama, **Rosa Parks**, une femme noire, prend le bus après le travail. La section blanche étant pleine, des passagers blancs se dirigent vers la section noire. Le chauffeur ordonne aux passagers noirs de se lever : Mme Parks refuse et est arrêtée. La communauté noire s'organise alors pour protester.

• La population noire de Montgomery, derrière **le révérend Martin Luther King**, boycotte la compagnie de transport pour obtenir l'arrêt de la ségrégation dans les bus. Après onze mois, la Cour suprême déclare cette pratique anticonstitutionnelle.

• En dépit de la dureté de la répression des autorités blanches, la population noire poursuivit sa protestation pacifique, le **Civil Rights Mouvement**. Ce dernier culmina en 1963 obtint la marche sur Washington et le discours *I have a dream* de Martin Luther King, puis obtint la fin de la ségrégation aux États-Unis en 1964-1965.

> • 1964 *Civil Rights Act* : toute discrimination pour cause de race, couleur, sexe ou religion est illégale.
> • 1965 *Voting Rights Act* : droit de vote de la communauté noire.

2 L'Australie et les aborigènes

• Lors de sa colonisation en 1788, l'Australie est considérée *terra nullius* (terre sans maître) et, au XIXe siècle, les Aborigènes sont déclarés voués à l'extinction par sélection naturelle face à la « race supérieure blanche ».

• 1910 : le gouvernement retire à leur famille les enfants aborigènes et métisses (*half-castes*) pour les assimiler et accélérer la disparition des Aborigènes. Ce sont les générations volées (*the Stolen Generations*).

> Plus de 100 000 enfants ont été enlevés à leurs familles entre 1910 et 1971.

• 1934 : l'*Australian Aborigines League* est créée (elle devient *Aborigines Advancement League* en 1957) ; elle revendique les droits civiques aborigènes.

• 1958 : revendications sur les salaires, le droit de vote et la restitution des terres ancestrales.

- 1976 : restitution partielle des terres aux Aborigènes.
- 1992 : reconnaissance de la propriété foncière ancestrale des Aborigènes. La Haute cour rejette le principe de *terra nullius*.

Comme les Inuits et les Indiens, les Aborigènes ont été déplacés plusieurs fois.

3 Les grandes figures américaines et australiennes

Grandes figures	Citations et anecdotes
Rosa Parks (1913-2005) Couturière (*seamstress*)	*"I didn't give up my seat because I was tired, [...] the only tired I was, was tired of giving in."* « Je n'ai pas refusé de laisser ma place parce que j'étais fatiguée [...] la seule chose dont j'étais fatiguée, c'était de céder. » 1999 : Le *Time magazine* nomme Rosa Parks l'une des vingt personnes les plus influentes du XXe siècle.
Martin Luther King (1928-1968) Prêtre Baptiste 1964 : prix Nobel de la paix	Leader du mouvement des droits civiques, il prônait la résistance passive (*passive resistance*). *"I have a dream that one day this nation will rise up and live out the true meaning of its creed: 'We hold these truths to be self-evident, that all men are created equal.'"* « J'ai le rêve qu'un jour, cette nation se lèvera et vivra la vraie signification de son credo : "Nous tenons ces vérités comme allant de soi, que les hommes sont créés égaux." » M. L. King cite la Déclaration d'indépendance dans son discours *I have a dream*, le 28 août 1963 à Washington.
John Howard (1996-2007) 1er ministre australien	Il a présenté les générations volées comme *"the most blemished chapter in the history of this country"* « le chapitre le plus sombre de l'histoire de ce pays. » Ce fut néanmoins son successeur, Kevin Rudd, qui formula les premières excuses officielles au peuple aborigène en 2008.
Cathy Freeman (1973 -) Athlète aborigène	Seconde athlète aborigène à remporter une médaille d'or aux Jeux Olympiques (Sydney, 2000). Victorieuse, elle fit un tour d'honneur en brandissant les deux drapeaux, australien et aborigène.

Testez-vous !

Vrai ou faux ?

1. Les *Jim Crow Laws* étaient en accord avec la constitution américaine.
☐ vrai ☐ faux

2. Le principe *separate but equal* des *Jim Crow Laws* était respecté dans la pratique.
☐ vrai ☐ faux

3. Le 1er décembre 1955, Rosa Parks était bien assise dans la section noire.
☐ vrai ☐ faux

4. 50 000 enfants aborigènes et métisses ont été enlevés à leur famille.
☐ vrai ☐ faux

→ Réponses p. 192

3 Résistance au pouvoir et luttes pour les libertés (2)

1 Afrique du Sud : l'Apartheid

La population noire logeait dans des bidonvilles *(shantytowns/townships)*.

- Terme apparu en 1948, l'Apartheid (état de séparation) est né de la peur de la minorité blanche (21 % de la population en 1950) d'être étouffée par la majorité noire. **Politique de séparation territoriale totale** entre les groupes ethniques, elle donnait aux Blancs un accès quasi exclusif aux zones résidentielles, théâtres, parcs, toilettes publiques, et même à certaines plages. Elle concentrait aussi le pouvoir politique, les richesses économiques, l'éducation et les emplois les plus hauts placés et les mieux rémunérés aux mains des Blancs.
- 1950 : premières **protestations** après que les électeurs noirs aient été retirés des listes électorales. Puis viennent les manifestations contre les laissez-passer, obligatoires pour les Noirs travaillant en zone blanche (→ pour plus de détails, consultez le site www.capetown.at).
- 1960-1976 *The Silent Years* (les années silencieuses) : toute protestation, même pacifique, est rendue illégale. Les partis d'opposition comme l'ANC (*African National Congress*) de **Nelson Mandela** sont interdits, leurs leaders exilés ou emprisonnés. Les manifestations réprimées dans le sang choquent le reste du monde, en particulier le massacre de Sharpeville le 21 mars 1960 où la police ouvre le feu sur les manifestants (69 morts et 180 blessés).
- Années 1980 : abolition de la ségrégation dans les lieux publics et de la ségrégation de l'emploi sous la pression internationale et intérieure. Puis, le président Frederik de Klerk abolit la majorité des lois d'Apartheid entre 1989 et 1991 et légalise les anciens partis interdits.

Lors d'un référendum, 69 % des électeurs blancs approuvent ces réformes.

- 1994 : élections multiraciales, élection de Nelson Mandela, premier président noir d'Afrique du Sud.

2 Le Canada et la création de *Nunavut*

- **Les Inuits** sont les premiers habitants du Canada ; ils ont été déplacés à plusieurs reprises par le gouvernement pour des raisons de développement économique : urbanisation, récupération de terres agricoles, implantation industrielle.
- 1976 : début des négociations sur les revendications territoriales entre les représentants de la communauté inuit et le gouvernement.
- 1er avril 1999 : création du territoire inuit de **Nunavut** (Notre terre).

3 Les grandes figures de l'Apartheid

Grandes figures	Citations et anecdotes
Hendrik Verwoerd (1901-1966) 1er ministre d'Afrique du Sud (1958-1966).	• Appelé *the Architect of Apartheid*, il est à l'origine de sa mise en place. • Il a décrit l'Apartheid comme *a policy of good neighbourliness* (une politique de bon voisinage).
Frederik de Klerk (1936-) Président d'Afrique du Sud de 1989 à 1994. 1993 : prix Nobel de la paix avec N. Mandela.	• 1992 : après des négociations entre leaders blancs et noirs, il instaure le suffrage universel. • 1994 : il cède la présidence à Nelson Mandela et restera son vice-président. • En parlant de la paix : *"Racial, class and religious intolerance and prejudice are its mortal enemies."* « Les préjudices et l'intolérance raciale, de classe et religieuse sont ses ennemies mortelles. »
Nelson Mandela (1918-2013) Président d'Afrique du Sud de 1994 à 1999. 1993 : prix Nobel de la paix avec F. de Klerk.	• 1964 : membre de l'ANC, il est arrêté pour trahison, sabotage et complot et condamné à la prison à vie. • 1990 : libéré, il conduit les négociations mettant fin à l'Apartheid avec F. de Klerk. • *"I detest racialism, because I regard it as a barbaric thing, whether it comes from a black man or a white man."* « Je hais le racisme parce que je le considère comme une barbarie, qu'il vienne d'un Blanc ou d'un Noir. » • *"It always seems impossible until it's done."* « Ça a toujours l'air impossible jusqu'à ce que ce soit fait. »

Testez-vous !

Cochez la bonne réponse.

1. En 1950, quel était le pourcentage de Blancs en Afrique du Sud ?

[a] 11 % [b] 21 % [c] 31 %

2. Quelle mesure déclencha les premières protestations ?

[a] la suppression des électeurs noirs des listes électorales

[b] la ségrégation dans les écoles

[c] les laissez-passer

3. Les années 1960-1976 furent nommées :

[a] *the Bloody Years*

[b] *the Protest Years*

[c] *the Silent Years*

4. Combien de Blancs étaient favorables aux réformes anti Apartheid en 1992 ?

[a] 29 % [b] 49 % [c] 69 %

5. La création d'un territoire inuit au sein du Canada date de :

[a] 1976 [b] 1993 [c] 1999

→ Réponses p. 192

4 Les formes de pouvoir : vocabulaire

1 Vocabulaire général

democracy	démocratie	*The Democrat party* (US)
duty	devoir	
elect	élire	*election* (nom)
executive power	pouvoir exécutif	
ideology	idéologie	
judicial power	pouvoir judiciaire	
law	loi	*legal / illegal* (adj)
legislative power	pouvoir législatif	
minister	ministre	*the Prime Minister* le Premier ministre
ministry	ministère	
opinion poll	sondage	
parliament	parlement	*Westminster Parliament*
politics	politique	*political* (adj)
political man	homme politique	*political party* parti politique
president	président	*presidential election*
republic	république	*The Republican party* (US)
right	droit	
senate	sénat	*senator* sénateur
totalitarianism	totalitarisme	*totalitarian* (adj)

2 La presse et les médias *The press and the media*

affair	affaire	syn : *incident*
biased	partial	syn : *partial*, opp : *unbiased*
gutter press	presse à scandale	*gutter* caniveau
inform	informer	
information	information	*a piece of information* une information (non comptable)
investigate	enquêter	*investigation* enquête
investigative journalism	journalisme d'investigation	
news	nouvelles	*a piece of news* une nouvelle (non comptable)
reveal	révéler	syn : *uncover* dévoiler
scandal	scandale	
scoop	information inédite	
tabloid	journal à scandales	

3 L'opinion publique *Public opinion*

defend	défendre	syn : *advocate for, plead for, argue for*
demonstration	manifestation	syn : *mass rally*
demonstrate	manifester	syn : *march*
influence	influencer	syn : *persuade, incite*
interest group	groupe d'intérêt	
lobby	lobby	*anti-abortion lobby* lobby anti-avortement
lobbyist	membre d'un lobby	
negotiate	négocier	*negotiation* négociation
oppose	s'opposer à	syn : *stand against*
popular consent	consentement populaire	
popular support	soutien populaire	
pressure group	groupe de pression	syn : *lobby*
protest against	protester contre	*protest* protestation
put pressure on	mettre la pression sur	
stand for	supporter	syn : *support*
supporter of	supporter de	syn : *advocate*
unite against	s'unir contre	

Travaille au sein d'un gouvernement, de la majorité. (→ groupe d'intérêt)

Testez-vous !

Cochez la bonne réponse.

1. *Biased* a pour synonyme :
[a] legal [b] partial [c] fair

2. *Reveal* a pour synonyme :
[a] uncover [b] plead [c] support

3. *Oppose* a pour contraire :
[a] stand against [b] protest
[c] support

4. *Pressure group* a pour synonyme :
[a] lobby [b] supporter
[c] protest group

5. *Advocate for* a pour synonyme :
[a] inform [b] argue for
[c] stand against

→ Réponses p. 192

5 La résistance au pouvoir : vocabulaire

1 Vocabulaire général

be deprived of	être privé de	
be discriminated against	être victime de discrimination	
be segregated against	être victime de ségrégation	
beat up	passer à tabac	
decent	décent	*decent housing* logement décent
deny the right to	refuser le droit de	
despise	mépriser	syn : *scorn*
discrepancy	disparité	syn : *disparity*
discriminate against	établir une discrimination envers	
endure discrimination	être l'objet de discrimination	
equal treatment	traitement égal	*equal pay* salaire égal
fair	juste, équitable	opp : *unfair*
hound down	traquer	
human rights	droits de l'Homme	
humiliate	humilier	*humiliating* (adj)
justice	justice	opp : *injustice*
molest	brutaliser	
narrow-minded	étroit d'esprit	opp : *broad-minded*
resist against	résister contre	
right to vote	droit de vote	
terrorize	terroriser	
threaten	menacer	*threatening* (adj)
undergo	subir	
unequal	inégal	opp : *equal*
women's suffrage	droit de vote des femmes	

2 États-Unis

be prejudiced against	avoir des préjugés contre	
boycott	boycotter	
civil rights	droits civiques	
literacy test	test d'alphabétisation	← Ces tests étaient utilisés dans les états du Sud pour interdire le droit de vote à la communauté noire.
movement	mouvement	

passive resistance	résistance passive	La résistance passive était la méthode prônée par Martin Luther King.
peaceful	pacifique	
racial discrimination	discrimination raciale	
racial segregation	ségrégation raciale	
sit in	faire un *sit in*	Un *sit in* est une méthode de protestation pacifique qui consiste à s'asseoir dans un endroit pour l'occuper.
wrong someone	léser quelqu'un	

3 Canada

deport	déporter
move to	déplacer vers
multicultural society	société multiculturelle
reservations	réserves

4 Afrique du Sud

armed fighting	lutte armée	
assert one's superiority	affirmer sa supériorité	
ban	rejeter	syn : *expel*
feel inferior to	se sentir inférieur à	
imprison	emprisonner	
lynch	lyncher	
racial hatred	haine raciale	
racism	racisme	associé : *racialism*
victimize	persécuter	
white supremacy	la suprématie blanche	

Racialism : se baser sur des considérations raciales pour déterminer une politique.

Testez-vous !

Synonymes ou contraires ?

1. *Equal* et *unfair.*
☐ synonymes ☐ contraires

2. *Passive resistance* et *armed fighting.*
☐ synonymes ☐ contraires

3. *Ban* et *expel.*
☐ synonymes ☐ contraires

4. *Discrepancy* et *disparity.*
☐ synonymes ☐ contraires

5. *Narrow-minded* et *broad-minded.*
☐ synonymes ☐ contraires

→ Réponses p. 192

Vérification des connaissances

1 Cochez la bonne réponse.

1. Quel est le quatrième pouvoir ?

☐ le législatif ☐ l'exécutif ☐ le judiciaire ☐ la presse

2. Qu'est ce qu'un *lobby* ?

☐ un hall ☐ un parti politique ☐ un groupe de pression ☐ un passe-temps

3. Aux États-Unis, la protestation contre la ségrégation dans les bus a eu lieu en :

☐ Alaska ☐ Alabama ☐ Arizona ☐ Arkansas

4. Selon l'ex-Premier ministre australien, quel a été le chapitre le plus sombre du pays ?

☐ *The Stolen Generations* ☐ *The Silent Years*

☐ *The Civil Rights Movement* ☐ *Nunavut*

5. La ségrégation raciale était pratiquée légalement en :

☐ Afrique du Sud et aux États-Unis ☐ Australie et au Canada

☐ Afrique du Sud et au Canada ☐ Australie et aux États-Unis

Exercices d'entraînement

2 Associez ces événements avec la date qui leur correspond.

1. Rosa Parks refuse de céder sa place. **a.** 1991

2. Apparition du terme *Apartheid*. **b.** 1955

3. *The Stolen Generations.* **c.** 1960-1976

4. Création du *Nunavut.* **d.** 1948

5. *The Silent Years.* **e.** 1910-1971

6. Fin de la ségrégation aux États-Unis. **f.** 1999

7. Fin de l'*Apartheid.* **g.** 1964-1965

3 Associez ces citations à leur auteur.

1. *"the only tired I was, was [...] of giving in."* **a.** Hendrick Verwoerd

2. Apartheid is *"a policy of good neighbourliness."* **b.** Rosa Parks

3. *"We hold these truths to be self-evident, that all men are created equal."* **c.** Nelson Mandela

4. *"It always seems impossible until it's done."* **d.** Martin Luther King

5. *"I have a dream."* **e.** Déclaration d'Indépendance

4 Traduisez les phrases suivantes.

1. Avant 1956, les habitants noirs de Montgomery devaient s'asseoir à l'arrière des bus, dans la section noire. De plus, si les passagers blancs avaient besoin d'une place, les Noirs étaient obligés de laisser les leurs.

2. Durant l'Apartheid, la population noire était victime de discrimination. Elle était privée du droit de vote et du droit à un logement décent. De plus, toute protestation était illégale ; la seule résistance possible était donc la lutte armée.

3. L'un des plus importants scandales de l'histoire des États-Unis a eu lieu en 1972. Deux journalistes du *Washington Post* ont révélé que le président Richard Nixon, candidat pour un second mandat, a demandé de placer sur écoute le quartier général du parti démocrate.

Sujet de BAC

Lieux et formes de pouvoir – Mythes et héros – Sujet inédit

Doc. 1 All that glitters is not gold

The only person who saw Paul and Malvina leaving the party together was Doug Anderton. He was standing by himself, leaning against a wall, composing in his head the first few sentences of an article for Sunday's paper.

He had not been looking out for Paul, although he knew he was probably in the room. His gaze was fixed, instead, on a scene unfolding in the corner of the restaurant nearest to the entrance, where the young couple who had arrived just behind Paul in a white stretch limo were enjoying the attentions of a crowd of journalists and photographers. This couple, whom Paul had not recognized, had last year been two of the contestants on Britain's most popular primetime reality TV show. For weeks they had kept the public guessing as to whether or not they were going to have sex with each other on camera. The tabloid papers had devoted hundreds of column inches to the subject. Neither of them had talent, or wisdom, or education, or even much personality to speak of. But they were young and good-looking, and they dressed well, and they had been on television, and that was enough. And so the photographers kept taking pictures, and the journalists kept trying to make them say something quotable or amusing (which was difficult, because they had no wit, either). Meanwhile, Doug could not help noticing, right next to them, waiting for his wife to emerge from the ladies', the figure of Professor John Copland: Britain's leading geneticist, one of its better-selling science writers, and regularly mentioned as a potential Nobel prizewinner. But no one was taking his photograph, or asking him to say anything.

He could have been a cab driver, waiting to drive one of the guests home, as far as anybody else was concerned. And for Doug, this situation encapsulated so perfectly everything he wanted to say about Britain in 2003 – the obscene weightlessness of its cultural life, the grotesque triumph of sheen[1] over substance, all the clichés which were only clichés, as it happened, because they were true – that he was, perversely, pleased to be witnessing it.

Jonathan Coe, *The Closed Circle*, 2004

1. *Sheen: brightness*

Doc. 2 **Reality TV: A hatred-and-love story**

For eight single professional women gathered in Dallas, it is holy Wednesday — the night each week that they gather in one of their homes for *The Traveling Bachelorette Party.* Munching snacks [...] they cheer, cry and cackle. [...] Yet something is unsettling Leah Hudson's stomach, [...] "I hate that we've been sucked into the Hoover vac of reality TV," says Hudson, 30. "Do we not have anything better to do than to live vicariously through a bunch of 15-minute-fame seekers?"

There you have the essence of reality TV's success: it is the one mass-entertainment category that thrives because of its audience's contempt for it. It makes us feel tawdry, dirty, cheap — if it didn't, we probably wouldn't bother tuning in. And in this, for once, the audience and critics agree. Just listen to the raves for America's hottest TV genre:

"The country is gripped by misanthropy!" — *New York Observer*

"Ridiculous and pernicious! Many kinds of cruelty are passed off as entertainment!" — *Washington Post*

"So-called reality television just may be killing the medium!" — *San Francisco Chronicle*

O.K., we added the exclamation points, but you get the idea. Yes, viewers are tuning in to *Joe Millionaire, The Bachelorette* and *American Idol* by the tens of millions. Yet, to paraphrase Winston Churchill, never have so many watch so much TV with so little good to say about it.

[...] Reality TV has given the networks water-cooler buzz again; it has reminded viewers jaded by sitcoms and dramas why TV can be exciting; and at its best, it is teaching TV a new way to tell involving human stories.

Abridged from "Why reality TV is good for us", by James Poniewosik, February 12th, 2003, *Time Magazine*

Doc. 3 **Celebrities: Objects of worship**

Celebrity-icons are objects of worship. Social observers and the lay public alike speak of the "real hunger" they experience for celebrity images and information; of their "insatiable appetite"; of how the extraordinary expansion of print, digital, and television celebrity coverage has provided an "opportunity to indulge", to finally "sate the desire for celebrity news and gossip".

Abridged from *The Celebrity-Icon*, by Jeffrey C. Alexander, 2010

COMPRÉHENSION DE L'ÉCRIT

1 **Identify the nature of these three documents and the topic they deal with.**

2 **Doc.1. When and where does the party take place (country and precise location)?**

3 **Doc.1. Make a list of the characters present in the room. Give their names when possible.**

4 **Doc.1. a. Who is the observer? Justify with a quotation.**
b. What's his job? Justify with a quotation.

5 **Doc.1. a. Which couple attracts everyone's attention?**
b. What makes their arrival so spectacular? *(20-30 words)*
c. Quote one sentence showing how they became celebrities.

6 **Doc.1. a. Quote the three reasons why the media are interested in them.**
b. Find five qualities they don't have.
c. Why is it hard for the journalists to work with the couple?
Use your own words *(20-30 words).*

7 **Doc.2. a. What do the critics and the audience both agree about?**
b. Is the following statement true or false?
According to the author, more and more people watch TV and yet criticize its programmes.
Answer the question and quote the text to justify your answer.

8 **Doc.3. In your own words, explain people's behaviour towards celebrities nowadays** *(20 words).*

EXPRESSION ÉCRITE

Les candidats *traiteront* ***au choix*** *le sujet 1* ***ou*** *le sujet 2 (200 mots).*

1 **Doug writes an article entitled "The Superficiality of Celebrity Culture" for his Sunday paper. Write this article, as if you were Doug.**

2 **Would you be prepared to be a contestant on a reality show?**

Testez-vous !

p. 179

1. b 2. a 3. a 4. c 5. b

> **Remarque**
> 5. Big Ben est le nom de la cloche.

p.181

1. Faux → Les *Jim Crow Laws* étaient contraires au 14e et 15e amendements qui donnent une protection égale devant la loi et le droit de vote sans considération de race, couleur ou condition antérieure de servitude. **2. Faux →** Seul le principe de séparation était respecté, mais pas celui d'égalité. **3. Vrai** **4. Faux →** Ils étaient environ 100 000.

p. 183

1. b 2. a 3. c 4. c 5. c

p. 185

1. b 2. a 3. c 4. a 5. b

> **Gagnez des points !**
> 3. Elles furent appelées ainsi car toute protestation, même pacifique, était illégale.

p. 187

1. contraires **2.** contraires
3. synonymes **4.** synonymes **5.** contraires

Vérification des connaissances

1

1. la presse
2. un groupe de pression
3. Alabama
4. *The Stolen Generations*
5. Afrique du Sud et aux États-Unis

> **Remarque**
> 2. *Lobby* signifie aussi « hall » ou « couloir » ; ce sont les discussions tenues discrètement dans les couloirs entre les votes des assemblées qui ont donné son deuxième sens au mot.

> **Gagnez des points !**
> 5. Le point de départ des *Civil Rights Movement* a eu lieu en 1954 après le procès *Brown vs Topeka*, quand la cour suprême a interdit la ségrégation dans les écoles.

Exercices d'entraînement

2

1. b 2. d 3. e 4. f 5. c 6. g 7. a

3

1. b 2. a 3. e 4. c 5. d

4 **1.** Before 1956, the black inhabitants of Montgomery had to sit at the back of buses, in the black section. Moreover, if white passengers needed a seat, the Blacks had to give up theirs.

2. During Apartheid, the black population was discriminated against. They were denied the right to vote and to decent housing. In addition, protesting was illegal, therefore the only possible form of resistance was armed fighting.

3. One of the most important scandals in the history of the USA took place in 1972. Two journalists for the *Washington Post* revealed that President Richard Nixon, candidate for a second mandate, asked for the Democrat party's headquarters to be taped.

Sujet de BAC

COMPRÉHENSION DE L'ÉCRIT

1 These three documents all deal with celebrity-icons and how we have become infatuated with them. The issue is also whether they deserve the great interest we show in them, especially those coming from reality-TV programmes. The first text is taken from a novel, whereas the second one is an article. The third one is taken from an essay written by a sociologist.

2 The party takes place in a restaurant in Great Britain in 2003.

3 The characters who are present in the room are Doug Anderton, a man named Paul, a woman named Malvina, Professor John Copland, a celebrity couple and a crowd of journalists and photographers.

4 **a.** The observer is Doug Anderton. "The only person who saw Paul and Malvina leaving the party together was Doug Anderton…"(l. 1-2); "His gaze was fixed, instead, on a scene unfolding in the corner of the restaurant." (l. 5-6).
b. Doug Anderton is a journalist (l. 2-3: "composing in his head the first few sentences of an article for Sunday's paper").

5 **a.** Everyone's attention is drawn to a young couple of former contestants on Britain's most popular prime-time reality TV show.
b. Their arrival can be said to be spectacular insofar as they get out of a "white stretch limo" (l. 7), surrounded by a crowd of journalists and photographers.

> **Piège à éviter**
> Le mot *limo* est une abréviation courante aux États-Unis pour désigner une limousine.

c. "For weeks they had kept the public guessing as to whether or not they were going to have sex with each other on camera" (l. 10-12).

6 **a.** The media were interested in them because "they were young and good-looking, and they dressed well and they had been on television" (l. 14-15).
b. They have no talent, no education, no wisdom, no personality and no wit.
c. The couple is so stupid that the journalists have a hard time trying to make them say anything interesting or funny that they could later quote in their articles.

7 **a.** They all agree that watching those shows gives their audience a rather disparaging, almost demeaning image of themselves, even a sense of guilt.
b. This statement is true. "Never have so many watch so much TV with so little good to say about it." (l. 20-21).

8 Nowadays, people devote their time to their favourite celebrity-icons to such an extent that they are always **eager to** hear about them.
They **look forward to** watching them on television and **can hardly live** without them so **infatuated** they are with them. They **idolize** them!

L'astuce du prof

Mobilisez vos connaissances lexicales, le but étant de rédiger avec vos propres mots!

EXPRESSION ÉCRITE

Les mots et expressions en gras peuvent s'avérer particulièrement utiles pour ce type de sujets.

1 "The Superficiality of Celebrity Culture"
Dear readers,
I'm appalled by the weightlessness of cultural life in this country! Yesterday evening, I **witnessed** an interesting scene which I think is quite relevant to **the lack of sound judgement** of our society as regards celebrity. At a trendy restaurant last night, Steve and Kimberley, from last year's *Big Brother*, showed up in a stretch limo, soon surrounded by a crowd of journalists and photographers. Nearby was Professor John Copeland, the renowned geneticist, and none of those so-called journalists thought of interviewing him, even less taking a picture of him, as they probably didn't even **recognize** him!
What kind of a world is this, in which we **look up to** some vain puppets whose sole achievement is **to entertain** the masses for a few weeks?
Nowadays, we give precedence to **groundless notoriety** over knowledge and culture. We artificially build celebrities, turning ordinary citizens into **god-like figures** that we **idolize** before destroying them. We dump them as soon as the

Gagnez des points !

Tentez d'adopter un ton journalistique. Prenez position clairement ; éveillez l'intérêt du lecteur par une question en conclusion qui puisse susciter une réflexion approfondie de la part de ce dernier.

show is over and replace them with brand new faces and start the process all over again. We live in an era ruled by **consumerism**, and we consume these celebs like any other consumer good. In doing so, what kind of role models do we provide our children with?

2 Reality TV is a popular genre of TV programming, which **features** ordinary people instead of professional actors, in supposedly **unscripted situations**. The **contestants** on these reality TV shows often trigger off **media craze** but their **instant fame** is short-lived and most of them **fall into oblivion** once the show is over. Yet, a recent survey shows that one in seven British teenagers hopes to gain fame by appearing on reality television.

As far as I'm concerned, and even though I'm fond of some reality TV shows such as *Veep, Next!* or *American Idol*, I really don't think I could ever **participate in** such a program.

First and foremost, I'm much too **discreet** and **self-conscious** to appear on TV. I've noticed that most contestants are quite self-assured and obviously don't mind being filmed wearing little more than flimsy underwear!

Moreover, I lack the necessary **willpower** and **stamina** to participate in programs such as *Survivor* or *Fear Factor*. Some people are ready to do anything to win, like eating live grasshoppers or diving into pools filled with sharp-toothed morays, but I'm not one of them!

Last but not least, I think it must be quite depressing to go back to one's routine after some time in **the spotlight**.

All things considered, I could never sacrifice my **privacy** and my **dignity**, even in order to know my fifteen-minute fame, as Andy Warhol put it…

CHAPITRE 10
L'idée de progrès

1 Confiance dans le progrès

1 Définition

• Le progrès (*progress*) est l'action d'aller vers l'avant, de devenir meilleur. Pour une société, le progrès est l'évolution dans le sens d'une amélioration vers plus de connaissance et de bonheur.

2 Dans la littérature et l'art

• L'un des premiers théoriciens du progrès fut Francis Bacon, pour qui le progrès humain n'aurait pas de limites et pourrait réaliser toutes les choses possibles, cette utopie technologique allant jusqu'à l'espoir de vaincre la mort. Selon lui, les techniques apporteront aux hommes une jeunesse presque éternelle, la guérison de maladies incurables, l'amélioration des capacités cérébrales et permettront de produire de nouveaux aliments.

• Cette **confiance dans le progrès** peut aller jusqu'à l'idolâtrie quand l'innovation est considérée comme synonyme de progrès. Une nouveauté est alors *a priori* meilleure, du seul fait qu'elle est nouvelle. Cette soif du nouveau va rapidement devenir l'une des obsessions de la modernité. En art, elle débouchera au XIXe siècle sur la notion d'« avant-garde », qui créera de nouvelles catégories d'œuvres comme les collages (*Three musicians*, Pablo Picasso, 1921), les assemblages (*Boardwalk*, Man Ray, 1917) ou les *ready-made* (*Three ball total equilibrium*, Jeff Koons, 1985).

> Avant-garde : mouvement qui s'oppose au classicisme et au figuratif, selon lequel la valeur d'une œuvre vient de sa capacité à être en avance sur son temps.

3 Dans la société

• Au cours de l'histoire du Royaume-Uni, la confiance dans le progrès a connu son apogée au XIXe siècle pendant la révolution industrielle, où des inventions comme le chemin de fer ou la machine à vapeur ont persuadé les populations de l'infini potentiel du progrès, apte à résoudre tous les maux et problèmes.

• **Le culte de la nouveauté** est très présent aujourd'hui, comme en témoigne le besoin d'un grand nombre de personnes d'être à la pointe de la mode ou de la technologie. Cette conception du progrès est ainsi en rupture avec la définition classique du mot, puisque le progrès n'est plus un moyen d'accéder à un état meilleur, mais une fin en soi. Ceci a évidemment des répercussions dans le domaine économique. Un nouveau produit peut ainsi être créé simplement parce qu'en tant que nouveauté, il créera un nouveau besoin et engendrera de la consommation.

4 Exemples et citations

Domaine	Exemples et citations
Littérature	Francis Bacon (1561-1626), homme d'état et philosophe anglais. *New Atlantis*, 1626 : *The End of our Foundation is the knowledge of Causes; and secret motions of things; and the enlarging of the bounds of Human Empire, to the effecting of all things possible.* Notre Fondation a pour fin de connaître les causes et les mouvements secrets des choses, et de reculer les frontières de l'empire de l'homme sur les choses, en vue de réaliser toutes les choses possibles. *Knowledge itself is power.* Le savoir, c'est le pouvoir.
Art	Georgia O'Keeffe (1887-1986), artiste peintre américaine. *Blue-green music*, 1921 : *I decided to start anew, to strip away what I had been taught.* J'ai décidé me renouveler, de me débarrasser de ce qu'on m'avait appris.
Société	Ronald Reagan, président des États-Unis, 1981-1989. *There are no constraints on the human mind, [...] no barriers to our progress except those we ourselves erect.* Il n'y a pas d'entrave à l'esprit humain, pas d'obstacle à notre progrès hormis ceux que nous nous érigeons.
	Le culte de la nouveauté (*the cult of the new*) peut aller jusqu'à la pathologie. *Neopathy: obsessive behaviour consisting in being constantly attracted to what is new.* Néopathie : comportement obsessionnel consistant à être constamment attiré par ce qui est nouveau.

Testez-vous !

Vrai ou faux ?

1. Le XIXe siècle était une époque de grande confiance dans le progrès.
☐ vrai ☐ faux

2. Le progrès est l'action de créer quelque chose de nouveau.
☐ vrai ☐ faux

3. Le mouvement artistique avant-garde rejetait tout ce qui n'était pas nouveau.
☐ vrai ☐ faux

4. Au XVIIe siècle, certains pensaient que le progrès pourrait vaincre la mort.
☐ vrai ☐ faux

→ Réponses p. 211

2 Méfiance à l'égard du progrès

1 Dans la littérature

- On trouve dans la littérature anglophone des exemples où le progrès est présenté de manière négative, ou même comme potentiellement dangereux.
- À l'optimisme de Bacon, on peut opposer *Frankenstein* de Mary Shelley (1818). Dans ce roman, obsédé par la lutte contre la mort, Victor Frankenstein donne vie à une créature fabriquée avec des morceaux de cadavres. Horrifié par sa création, il l'abandonne ; la créature se vengera en provoquant la mort du frère de Victor, puis de son épouse. Dans cette œuvre, le progrès place l'homme hors de sa fonction naturelle ; la science est alors vue comme de l'arrogance. Elle provoque un retour de bâton qui inverse les bienfaits qu'elle devait apporter.

2 Dans la société

- L'apogée de la méfiance envers le progrès a eu lieu au XXe siècle, suite aux chocs provoqués par les deux guerres mondiales et aux progrès dans l'armement, en particulier avec la bombe atomique et les attaques d'**Hiroshima et Nagasaki** (6 et 9 août 1945). Depuis, même si le progrès technique est perçu de manière majoritairement positive, nous prenons conscience qu'il peut aussi avoir des effets secondaires et/ou un coût.
- Les progrès des **nouvelles technologies** ont beaucoup œuvré pour la liberté d'expression, par exemple avec le Printemps arabe où les sites communautaires et le perfectionnement des smartphones ont permis à des populations de se faire entendre et de mettre fin à des régimes autoritaires.
- En revanche, ces mêmes sites ne sont pas sans effets négatifs puisqu'ils ont créé de nouveaux problèmes de violence et de harcèlement, comme le *cyberbullying* (chez les adolescents) ou le *cyberstalking* (chez les adultes). Ces sites soulèvent également la question du respect de la vie privée.

> *Cyberbullying/stalking* cyber harcèlement. *Bullying* désigne la violence scolaire.

- Les interrogations sur les bénéfices et les coûts du progrès sont très importantes du point de vue environnemental. Ainsi, beaucoup d'innovations, jugées comme des progrès, ont-elles engendré les problèmes actuels de rejets de CO2, du trou dans la **couche d'ozone** ou du **réchauffement climatique**. De plus en plus nous demandons-nous à partir de quel(s) critère(s) une innovation peut réellement permettre d'accéder à un état meilleur et devenir ainsi un progrès.

> Un exemple concret : les engrais qui sont sensés enrichir le sol au-delà de ce que la nature a prévu et qui le rendent finalement stérile.

3 Le revers de la médaille *The flip side of the coin*

Innovation et liberté d'expression	
Aspect positif	• *The Arab Spring: popular demonstrations and protests that began on Saturday, 18 December 2010 in Tunisia and Egypt. The movement used the social media to organize and raise awareness in the face of state attempts at repression and censorship.* Le Printemps arabe : manifestations et protestations populaires ayant débuté le 18 décembre 2010 en Tunisie et en Égypte. Le mouvement a utilisé les réseaux sociaux pour s'organiser et faire connaître la situation face aux tentatives étatiques de répression et de censure.
Aspect négatif	• *33% of American teens say they have been subject to some sort of cyberbullying.* 33 % des adolescents américains déclarent avoir été victimes de cyber harcèlement. • *10% of UK employees believe cyberstalking is a problem in their workplace.* 10 % des employés britanniques pensent que le cyber harcèlement est un problème sur leur lieu de travail.
Innovation, célébrité et vie privée	
Aspect positif	• Internet peut permettre d'accéder à une certaine célébrité : – éphémère, comme le prédisait Andy Warhol (peintre américain, 1928-1987) : *In the future, everybody will be famous for fifteen minutes.* Dans le futur, tout le monde aura son quart d'heure de gloire. – plus durable, comme Justin Bieber (chanteur canadien, 1994 –), qui s'est fait connaître grâce à ses vidéos sur Youtube.
Aspect négatif	• *26 February 2009: Kimberly Swann, 16, was shown the door after posting that her job at Ivell Marketing & Logistics was 'boring' on her Facebook page.* 26 février 2009 : Kimberly Swann, 16 ans, est renvoyée après avoir posté sur sa page Facebook que son travail chez Ivell Marketing & Logistics était « ennuyeux ».

Testez-vous !

Vrai ou faux ?

1. Les auteurs anglais Bacon et Shelley avaient la même vision du progrès.

☐ vrai ☐ faux

2. Le XXe siècle a connu l'augmentation de la méfiance envers le progrès.

☐ vrai ☐ faux

3. Le *cyberstalking* est très présent chez les adolescents.

☐ vrai ☐ faux

4. 33 % des adolescents américains ont été victimes de cyber harcèlement.

☐ vrai ☐ faux

→ Réponses p. 211

3 Les excès du progrès

1 Quand progrès rime avec civilisation

● Au cours de l'histoire, le progrès a parfois été considéré comme synonyme de civilisation. Lorsque cette association d'idées va jusqu'à l'excès, elle a pour conséquence l'idée que l'humanité doit éliminer tout ce qui pourrait entraver **la marche du progrès et l'avancée vers plus de civilisation**. Des « ennemis du genre humain » sont ainsi désignés. Les totalitarismes soviétiques et nazis généraliseront cette idée qu'il y a des « hommes en trop », dont l'existence empêche la création d'un monde meilleur.

● Aux XIXe et XXe siècles, cette même association a aussi servi à justifier la colonisation, alors présentée comme un remède grâce auquel les nations blanches diffusaient les bienfaits du progrès dans les parties moins « civilisées » du monde.

2 Dans la littérature

● L'écrivain britannique **George Orwell** fait se tenir son roman *1984* (écrit en 1948) dans une Angleterre totalitaire fictive des années futures. Il invente dans ce livre le télécran (*telescreen* en anglais). Cette télévision diffuse en permanence dans chaque habitation les messages de propagande du Parti ; elle permet aussi à la Police de la Pensée d'espionner chaque habitant.

Le télécran correspondrait exactement à un ordinateur piraté, doté d'une webcam et d'une connexion Internet.

3 Progrès et empreinte écologique

● L'empreinte écologique (*ecological footprint*) représente ce dont a besoin un être humain pour vivre. Cette demande peut être comparée avec ce que la terre peut produire chaque année, son « offre écologique ».

● L'empreinte écologique moyenne est aujourd'hui de 2,7 hectares par personne et par an. Cette empreinte varie selon la croissance démographique, la consommation moyenne par personne et le progrès technologique.

● La capacité productive de la terre est de 11,4 milliards d'hectares pour 7 milliards d'habitants, soit environ 1,8 hectares par personne : elle est donc insuffisante pour satisfaire notre demande moyenne actuelle. Que dire de 2050 où nous serons 9 milliards, selon les prévisions démographiques ?

Ceci est la problématique du progrès et du développement durable.

4 Citations

Auteurs	Citations
Albert Einstein (1879-1955) Physicien allemand	*Technological progress is like an axe in the hands of a pathological criminal.* Le progrès technologique est comme une hache dans les mains d'un criminel pathologique.
C.S. Lewis (1898-1963) Écrivain irlandais, auteur du *Monde de Narnia*	*We all want progress, but if you're on the wrong road, progress means doing an about-turn and walking back to the right road.* Nous voulons tous le progrès, mais si vous êtes sur la mauvaise route, progresser signifie faire demi-tour et reprendre la bonne route.
Henry Ellis (1859-1939) Psychologue (*psychoanalyst*) britannique	*What we call progress is the exchange of one nuisance for another nuisance.* Ce que nous appelons progrès, c'est l'échange d'une nuisance pour une autre nuisance.

5 Exemples d'empreintes écologiques

Pays	Empreinte écologique (en hectares)	Nombre de planètes nécessaires pour assurer ce niveau de vie à l'ensemble des habitants du globe
États-Unis	9,7	5,4 planètes
Canada	8,84	4,8 planètes
Australie	7,58	4,2 planètes
Royaume-Uni	5,35	3 planètes
France	5,26	
Pakistan	0,64	1/3 de la planète
Bengladesh	0,53	

Testez-vous !

Cochez la bonne réponse.

1. Les régimes totalitaires du XXe siècle ont associé progrès et :

a innovation b civilisation c pessimisme

2. Le roman 1984 a été écrit en :

a 1948 b 1984 c 2000

3. La capacité productive de la terre en milliards d'hectares est :

a 2,7 b 9,7 c 11,4

4. Quel pays occidental a la plus grosse empreinte écologique ?

a Le Royaume-Uni
b Les États-Unis c L'Irlande

→ Réponses p. 211

4 Progrès, confiance et méfiance : vocabulaire

1 Vocabulaire général

achievement	accomplissement, réussite	syn : *accomplishment*
better state of	meilleur état de	
breakthrough	découverte	
climax	apogée	syn : *pinnacle*, opp : *nadir*
enable to	permettre de	syn : *allow to*
higher level of	niveau plus élevé de	
improve	améliorer	opp : *worsen*
improvement	amélioration	syn : *betterment, enhancement* opp : *worsening*
industrial	industriel	*industrial revolution*
innovation	innovation	*innovate* innover
invent	inventer	syn : *create*
invention	invention	*railways* le chemin de fer *the steam machine* la machine à vapeur
living standards	niveau de vie	syn : *standards of living*
progress	le progrès	(non comptable)
progress	progresser	
science	science	
solve	résoudre	
technology	technologie	*cutting edge technology* technologie de pointe

2 La confiance et la méfiance *Confidence and distrust*

advantage	avantage	opp : *drawback, inconvenient*
ambivalent	ambivalent	syn : *in two minds, mixed, wavering*
backlash	retour de bâton	
be confident in	avoir confiance en	syn : *trust,* *have faith in*
become aware of	prendre conscience de	
confidence	confiance	syn : *trust*, opp : *distrust*
cost	coût/coûter	opp : *gain*
dangerous	dangereux	opp : *safe*
distrust	méfiance	
distrust	se méfier de	opp : *trust*
faith	foi	
harmless	inoffensif	opp : *harmful, hurtful, dangerous*

knowledge	savoir, connaissance	
limitless	sans limites	
optimism	optimisme	opp : *pessimism*
optimistic	optimiste	opp : *pessimistic*
hope	espoir	*hope* espérer
oppose	s'opposer à	opp : *support*
perilous	périlleux	syn : *risky, unsafe, treacherous*
potentially	potentiellement	
pros	le pour	opp : *cons* le contre
reverse	(s') inverser	
safe	sûr	syn : *secure*
safety	sûreté	
side effect	effet secondaire	

The pros and cons
Le pour et le contre

3 Les nouvelles technologies et Internet

celebrity	célébrité	*fame* la célébrité
cyber bashing	insultes sur Internet	syn : *internet bashing*
cybercriminality	cyber criminalité	
freedom of speech	liberté de parole	
game addiction	dépendance aux jeux	*a game addict* un accroc aux jeux
hack	pirater	
hacking	piratage	*hacker* pirate informatique
intrude	s'introduire	
opportunity	opportunité	syn : *chance*
private life	vie privée	
provide	fournir	
social networks	réseaux sociaux	
spy software	logiciel espion	*spy upon* espionner

Testez-vous !

Cochez la bonne réponse.

1. Quel est le synonyme de *confidence* ?
[a] *gain* [b] *trust* [c] *safe*

2. Citez un contraire de *harmless*.
[a] *hurtful* [b] *safe* [c] *drawback*

3. Citez un contraire de *improve*.
[a] *better* [b] *secure* [c] *worsen*

4. Que signifie *become aware of* ?
[a] résister à
[b] prendre conscience de
[c] être méfiant envers

→ **Réponses p. 211**

5 Progrès, excès et environnement : vocabulaire

1 Les excès du progrès

civilisation	civilisation	*civilization* (US)
civilised	civilisé	*civilized* (US)
colonisation	colonisation	*colonization* (US)
cult of the new	culte de la nouveauté	
enemy	ennemi	syn : *foe*
eternal youth	jeunesse éternelle	syn : *everlasting youth*
excess	excès	*excessive* (adj)
justification	justification	
justify	justifier	
mankind	humanité	
national socialist	national socialiste	*national socialism* (N)
natural order	ordre naturel	
neopathy	néopathie	
overcome death	vaincre la mort	*immortality*
power	pouvoir	
Soviet	soviétique	
spread	diffuser	
thirst for	soif de	*thirst for power* soif de pouvoir
totalitarianism	totalitarisme	*totalitarian regime* régime totalitaire
use … as	utiliser… comme	*use progress as a justification*
utopia	utopie	*utopian* utopique

2 Progrès et environnement

biodiversity	biodiversité	
carbon dioxyde	dioxyde de carbone	
climate change	changement(s) climatique(s)	
deforestation	déforestation	
demand	demande	opp : *supply* offre
dispose of	se débarrasser de	syn : *get rid of*
drought	sécheresse	syn : *aridity, dryness*
ecological footprint	empreinte écologique	
endanger	mettre en danger	syn : *jeopardize*
endangered species	espèces en danger	
fertilizers	engrais	*pesticides* pesticides
flood	inondation	
global warming	réchauffement climatique	

greenhouse effect	effet de serre	
greenhouse gas	gaz à effet de serre	
icecap	calotte glacière	
increase	augmenter	opp : *decrease*
melt	fondre	*melting* la fonte
nitrate	nitrate	
nuclear plant	centrale nucléaire	*nuclear waste* déchets nucléaires
organic products	produits biologiques	*organic food* la nourriture biologique
ozone layer	la couche d'ozone	*the hole in the ozone layer* le trou de la couche d'ozone
protect	protéger	
public transports	transports en commun	
rainforest	forêt tropicale	
recycle	recycler	*recycling* recyclage
release	relâcher / libérer	autre sens : sortir un disque / un livre
rise of the water levels	hausse du niveau des mers	
smart growth	urbanisation intelligente	
solar energy	énergie solaire	
solar panels	panneaux solaires	
summit	sommet	syn : *conference*
sustainable development	développement durable	
threaten	menacer	*a threat* une menace
throw	jeter	
toxic waste	déchets toxiques	*waste* gaspiller
traffic	trafic routier	
treaty	traité	*the Kyoto treaty*
underground water	nappes phréatiques	
wildlife	faune	
wind energy	énergie éolienne	syn : *windpower*

Testez-vous !

Cochez la bonne réponse.

1. Que signifie *mankind* ?
[a] masculin [b] humanité [c] genre

2. Que signifie *release* ?
[a] jeter [b] libérer [c] recycler

3. Que signifie *organic* ?
[a] organisme [b] organiser [c] biologique

4. Que signifie *overcome* ?
[a] arriver [b] parvenir [c] vaincre

→ Réponses p. 211

Vérification des connaissances

1 Cochez la ou les bonnes réponses.

1. Quel auteur anglais pensait le progrès sans limites au XVIIe siècle ?

a. Shelley **b.** Bacon **c.** Orwell **d.** Lewis

2. Quel grand changement a dopé la confiance dans le progrès ?

a. la découverte de l'Amérique **b.** la découverte que la terre était ronde

c. la révolution industrielle **d.** la Deuxième Guerre mondiale

3. Après quel(s) événement(s) a-t-on commencé à se méfier du progrès ?

a. la Deuxième Guerre mondiale **b.** la révolution industrielle

c. Hiroshima et Nagasaki **d.** le naufrage du Titanic

4. Comment dit-on « empreinte écologique » en anglais ?

a. ecological print **b.** ecological trace

c. ecological impact **d.** ecological footprint

5. Quelle est l'empreinte écologique de la population mondiale (en milliards d'hectares) ?

a. 11,4 **b.** 9,7 **c.** 18,9 **d.** 2,7

Exercices d'entraînement

2 Associez ces mots à leur synonyme et leur traduction.

1. achievement	**a.** jeopardize	**I.** apogée
2. wavering	**b.** harmless	**II.** amélioration
3. safe	**c.** treacherous	**III.** réussite
4. endanger	**d.** accomplishment	**IV.** dangereux
5. confidence	**e.** pinnacle	**V.** ambivalent
6. dangerous	**f.** betterment	**VI.** confiance
7. climax	**g.** in two minds	**VII.** sûr
8. improvement	**h.** trust	**VIII.** mettre en danger

3 Associez ces citations à leurs auteurs.

1. *"Technological progress is like an axe in the hands of a pathological criminal".*

2. *"There are no constraints on the human mind, [...] no barriers to our progress except those we ourselves erect".*

3. *"In the future, everybody will be famous for fifteen minutes".*

4. *"What we call progress is the exchange of one nuisance for another nuisance".*

a. Ronald Reagan **b.** Andy Warhol **c.** Henry Ellis **d.** Albert Einstein

4 Complétez ces phrases avec les mots et expressions proposés.

aware – achieve – totalitarian regimes – footprint – mankind – limitless – enemies – standards of living – side effects – cost

1. The ecological ... is the demand in resources of one person in order that he can live and maintain his ...

2. ... used the progress of ... as an excuse to eliminate their ...

3. In the 17th century, people thought that progress was ... and could ... any things possible.

4. Nowadays, people are more ... of the ... and possible ... of progress.

5 Traduisez les phrases suivantes.

1. On trouve dans la littérature anglophone des exemples où le progrès est présenté de manière négative, ou même comme potentiellement dangereux.

2. Les nouvelles technologies ont fait beaucoup pour la liberté d'expression, par exemple avec le Printemps arabe où les sites communautaires et les smartphones ont permis à des populations de se faire entendre.

3. Nous nous demandons de plus en plus à partir de quels critères une innovation peut réellement être considérée comme un progrès.

Sujet de BAC

L'idée de progrès – Sujet inédit

Doc. 1 It takes all sorts

"So-oo-oo?" my daughter Norah once asked me – she was about nine years old. "Why exactly is it that you and Daddy aren't married?"

I had been waiting for the question for some years, and was prepared. "We really are married," I told her. "In the real sense of the word, we are married." She and I were in Orange Town on a Saturday morning, in the only shoe store in town not counting the ones out at the mall, and Norah was trying on new school shoes. "We're married in that we're together for ever."

"But," she said, "you didn't have a real wedding."

"We had a reception," I told her cheerily. This diversion from wedding to reception had always been part of my plan. "We had a dinner for friends and family at your father's apartment."

"What kind of reception?"

How easily I managed to lead her sideways. "We had pizza and beer," I said. "And champagne for toasts."

"Was Grandma Winters there?"

"Well, no. She and Grandpa Winters had another reception for us later. Sort of a tea party."

"What did you wear?"

"You mean at the pizza party?"

"Yes."

"I had a caftan that Emma Allen made out of some African cotton. A blue and black block print. You've seen the picture. Only she was Emma McIntosh then."

"Was she the bridesmaid?"

"Sort of. We didn't use that word in those days."

"Why not?"

"This was back in the seventies. Weddings were out of style back then. People didn't think they were important, not if two people really loved each other."

"I hate these shoes." She wiggled in the chair.

"Well, we won't buy them, then."

"What kind of shoes did you have?"

"When?"

"At the pizza thing."

"I'm not sure I remember. Oh, yes, I do. We didn't have shoes. We were barefoot."

"Barefoot? You and Daddy?"

"It was summertime. A very hot summer day."

"That's nice," she said. "I wish I'd been there."

This was much too easy. "I wish you'd been there too," I said, meaning it. "That would have made the day perfect."

Carol Shields, *Unless*, 2003

Doc. 2 **Some positive achievements**

The world might have changed for the worse in some respects, but in others it was a much better place, and it was important to remember this. Lights went off in some places, but went on in others. Look at Africa – there had been so much to shake one's head over – corruption, civil wars, and the rest – but there was also so much which was now much better. There had been slavery in the past, and all the suffering which that had brought, and there had been all the cruelties of apartheid just those few miles away over the border, but all that was now over. There had been ignorance, but now more and more people were learning to write, and were graduating from universities. Women had been held in such servitude, and now they could vote and express themselves and claim lives for themselves, even if there were still many men who did not want such things to be. These were the good things that happened and one had to remember them.

Alexander McCall Smith, *In the Company of Cheerful Ladies*, 2005

COMPRÉHENSION DE L'ÉCRIT

1 Doc. 1. a. List up the characters present in the text and explain how they are related.
b. Who are the characters only mentioned?

2 Doc. 1. Where does the scene take place?

3 Doc. 1. What is the topic of the text? Choose the appropriate answer and justify your choice.

a. A discussion between a mother and her daughter about a pizza party.

b. Choosing a new pair of school shoes.

c. A daughter wanting to know more about her parents.

4 Doc. 1. Choose the correct answer and justify your choice. The narrator:

a. … was embarrassed by Norah's first question.

b. … did not answer Norah.

c. … had no trouble answering her daughter.

5 Doc. 1. From the following list, choose two adjectives which best define each character:
a. Norah **b.** the narrator.
Regretful - unconventional - curious - insolent - shocked - approving - honest - embarrassed

6 Doc. 1. In your own words describe the relationship between the two characters *(30 words).*

7 Doc. 1. Who did not come to the first reception? Justify with a quotation.

8 Doc. 1. Explain what the narrator means when she says: "This was back in the seventies. Weddings were out of style back then." (l. 27) *(30 words)*.

9 Doc. 1. In your own words and in one complete sentence, explain the narrator's personal definition of marriage.

10 Doc. 2. Is the general message in this paragraph an optimistic one? Justify with three elements from the text.

11 Doc. 2. Pick out the words that match the following definitions:

a. A system under which people are treated as property to be bought and sold and are forced to work.

b. A political system in South Africa in which people were divided into racial groups and kept apart by law.

c. To have completed a college course.

12 Doc. 1. Norah's mother had a conception of marriage which differed from the former generation's. To what extent does Norah's mother convey the impression that her conception was a change for the better? Find elements in text 1 to justify your answer.

EXPRESSION ÉCRITE

***Les candidats** traiteront **au choix** le sujet 1 **ou** le sujet 2 (200 mots).*

1 The next day Norah talks to Grandma Winters about the reception her parents had to celebrate their union. Continue the dialogue.

"Grandma, why weren't you invited..."

2 The text begins: "The world might have changed for the worse in some respects, but in others it was a much better place." Is this how you see the world in which you live? Using the arguments given in the text, develop your own and illustrate them with a few examples.

Testez-vous !

p. 197

1. Vrai

2. Faux → C'est l'action d'aller vers l'avant, de s'accroître, de devenir meilleur.

3. Vrai

4. Vrai

p. 199

1. Faux → Bacon avait une confiance aveugle dans le progrès, et Shelley s'en méfiait.

2. Vrai

3. Faux → Le terme *cyberstalking* concerne uniquement les adultes ; pour les mineurs, on utilise le terme *cyberbullying*.

4. Vrai

p. 201

1. b **2. a** **3. c** **4. b**

p. 203

1. b **2. a** **3. c** **4. b**

p. 205

1. b **2. b** **3. c** **4. c**

Vérification des connaissances

1

1. b **2. c** **3. a** et **c** **4. d** **5. c**

Exercices d'entraînement

2

1. d. III **2. g. V** **3. b. VII** **4. a. VIII**
5. h. VI **6. c. IV** **7. e. I** **8. f. II**

Rappel

1. En particulier à cause de la révolution industrielle.

Gagnez des points

4. Le pays avec la plus grosse empreinte écologique sont les Émirats arabes unis (*United Arab Emirates)* avec 10,13.

Gagnez des points

5. L'empreinte moyenne par habitant est 2,7 ha par personne x 7 milliards d'habitants : 18,9 milliards d'ha (pour une planète ayant une surface productive de 11,4 milliards d'ha).

L'astuce du prof

Certains mots ont beaucoup de synonymes, pensez à variez votre expression au maximum.

3

1. d. **2. a.** **3. b.** **4. c.**

> **L'astuce du prof**
> Les citations peuvent vous aider à commencer votre présentation où à étayer votre propos.

4

1. The ecological **footprint** is the demand in resources of one person in order that he can live and maintain his **standards of living.**

2. **Totalitarian regimes** used the progress of **mankind** as an excuse to eliminate their **enemies**.

3. In the 17th century, people thought that progress was **limitless** and could **achieve** any things possible.

4. Nowadays, people are more **aware** of the **cost** and possible **side effects** of progress.

5

1. One can find in English-speaking literature examples where progress is presented in a negative way or even as potentially dangerous.

2. The new technologies have done much for the freedom of speech, for instance with the Arab Spring where social networks and smart phones have enabled populations to make themselves heard.

3. We increasingly wonder from what criteria an innovation can really be considered as progress.

> **Gagnez des points**
> Le Printemps arabe a eu lieu en 2011, mais ses conséquences continuent : utilisez le *present perfect* : *have* + part. passé

> **Piège à éviter**
> *Progress* est non comptable, *a progress* est donc incorrect.

Sujet de BAC

COMPRÉHENSION DE L'ÉCRIT

1 a. The characters who are present are the narrator, a woman, with her daughter: Norah.

b. The characters who are only mentioned are Norah's father, her grandparents (the Winters) and Emma Allen who used to be called Emma McIntosh, as well as friends and family.

> **Piège à éviter**
> Distinguez bien les personnages présents des personnages seulement cités.

2 The scene takes place in Orange Town, in a shoe store.

3 The topic of the text is "a daughter wanting to know more about her parents" (**c.**). Indeed the nine-year-old little girl would like to know why her parents aren't married: why they are not officially husband and wife.

4 The narrator "had no trouble answering her daughter" (**c.**). The mother felt all the more comfortable as she had been expecting that question for many years. So she had gotten prepared to give an appropriate answer her daughter would be able to understand.

5 **a.** Norah: curious, approving. **b.** The narrator: unconventional, honest.

6 Norah and her mother seem to be getting on well. They sound quite close to each other. The little girl seems to be used to trusting her mother who does not try to hide the truth about her past. Norah's questions are straightforward and so are her mother's answers.

7 Norah's grandparents did not come to the reception. "She and Grandpa Winters had another reception for us later. Sort of a tea party" (l. 16-17).

8 She means that in the seventies people didn't use to get officially married. It was a time when people believed in feelings and freedom and resented conventional ceremonies. Her explanation may remind us of the hippies' style of life which prevailed among young people at the time.

9 According to the narrator, marriage means that two partners can live together all life long provided the true nature of their feelings prevails over the necessity of an official contract between them.

10 The paragraph in the end conveys a message of hope and a sound faith in mankind. Among other ideas, slavery was abolished and with it went the huge sufferings; then, apartheid was put to an end in South Africa; last but not least, the struggle against illiteracy was led successfully.

11 **a.** Slavery. **b.** Apartheid. **c.** To be graduating.

12 First and foremost Norah's mother insists on the real meaning of their union that is a long-lasting and stable one (l. 4): being "together for ever." (l. 7).

She recalls her reception "cheerily", which shows that she is still enthusiastic about that reception when she answers her daughter's questions. Moreover she had always planned it this way. "This diversion from wedding to reception had always been part of my plan."(l. 9-10).

Therefore it seems Norah's mother still totally approves of this form of union, which to her, as we can guess, may be better than the marriage and the wedding her parents might have known.

EXPRESSION ÉCRITE

Les mots en caractères gras pourront s'avérer utiles pour ce type de sujets.

1 "Grandma, why weren't you invited?"
"Well, you see, Norah, in those days, we would have felt quite out of place among all those young men with long **dishevelled** hair. We belonged to the former generation whose values were a lot more traditional. We expected a **conventional**

wedding with the **bride** in a gorgeous white dress, wearing **high-heeled** shoes, while the **groom** would appear in a smart **tuxedo,** and the bridesmaids all in similar dresses that would match the colors of the bride's **bouquet!** We expected a formal dinner with the **relatives** at the high table and the couple's friends sitting further away. But times had changed you know, and we did not **fit** in that world anymore! The Beat Generation was not our cup of tea, to say the least, but that's all *they* believed in!"

L'astuce du prof
Montrez que vous maîtrisez vos formes verbales, comme ici la subordonnée de temps au présent, quand la principale est au futur.

"So what was that reception like?"
"Nothing more than a party held outside. People came in jeans with peace **buttons** around their necks, drank a lot of beer, ate pizza and danced **barefoot** in the grass until **dawn.**"
"That must have been a lot of fun! What sort of gifts did they bring?"
"Some of them brought music from the Woodstock festival of 1969 they had probably been to; others, books, like Kerouac's *On the Road*, but also **fashionable** items of the time, like long silk scarves. One day **when you're** older, **you'll** watch *Hair* and **you'll** get a better idea!"
"I can't wait to get older then, Grandma!"

2 On the scale of Time, the world has had its ups and downs. However, in this part of the world our country is **currently at peace**, and whether we consider its evolution as a positive one or a negative one is a matter of personal opinion.

Gagnez des points !
Utilisez des expressions idiomatiques pour mieux suggérer votre message d'optimisme.

I will try to put the **bright** and **seamy** sides into perspective.
All the latest technical improvements such as computers and the Internet, cell phones and online shopping have made the world an easier place to live in. We are now able to reach a far-away destination in next to no time: take the Eurostar for example! Moreover medical progress has led to a longer **life expectancy.** In terms of social **well-being,** people, especially women, are shown more respect than they used to be. So has life become **a bed of roses?**
Well, every rose has its **thorn.** It may be **worthwhile** to point out the **backlash** of progress. People fail to communicate with their next door neighbours; however, they chat with foreigners in the other hemisphere. Poverty has not disappeared. **Delinquency** and violence suggest it's quite a jungle out there! Innocent people are victims of terrorist attacks. Stress is a growing cause of depression. Above all, **global warming** is a worrying issue.
Therefore, the world is not the El Dorado I would like it to be. Yet, I keep thinking that **every cloud has a silver lining!** Tomorrow's another day!

PARTIE 4 Exprimer son opinion

CHAPITRE 11

Exprimer ses goût, argumenter

1 Exprimer ses goûts

1 Verbes et expressions de goût

adore	adorer	seulement pour les personnes
love	aimer, adorer	amour (nom)
be in love with	être amoureux de	*fall in love with* tomber amoureux de
enjoy	aimer beaucoup	aussi prendre plaisir à, profiter de
be keen on	être passionné de	syn : *be fond of*
like	aimer	
dislike	ne pas aimer	syn : *don't/doesn't like*
hate	haïr, détester	
loathe	haïr au plus haut point	

Pour les choses que vous aimez/n'aimez pas faire : verbe de goût + V *–ing*.

2 Exprimer son affection, son appréciation

admire	admirer	syn : *look up to someone*
affection	affection	
appreciate	apprécier	
attractive	attirant(e)	
be partial to	avoir un penchant pour	ne convient pas pour les personnes
beautiful	très beau/belle	s'adresse davantage à une femme/fille
breathtaking	à couper le souffle, stupéfiant	
care for	tenir à	
contempt	mépris	
contemptible	méprisable	syn : *despicable*
cute	mignon/mignonne	
delight in	prendre beaucoup de plaisir à	
despise	mépriser	
dote on	être fou/folle de	
esteem	estimer	*self-esteem* amour propre
fascinating	fascinant	
fancy	avoir le béguin pour	syn : *have a crush on* (familier)
good-looking	beau/belle	opp : *bad-looking*
gorgeous	superbe	
have a soft spot for	avoir un faible pour	ne convient que pour les personnes (familier)

handsome	beau	ne s'adresse qu'aux hommes
hatred	haine	syn : *loathing*
lovely	très joli(e)/ravissant(e)	
magnificent	magnifique	syn : *sumptuous*
ordinary	ordinaire	syn : *commonplace*
prefer	préférer	
pretty	joli/jolie	s'adresse davantage à une femme/fille
stimulating	stimulant	
stunning	d'une beauté à couper le souffle	
take pleasure in	prendre plaisir à	syn : *relish, savour*
taste	goût	désigne aussi le sens du goût
treasure	chérir	syn : *cherish*
ugly	laid(e)/moche	*ugly as sin* très laid
unremarkable	sans rien de remarquable	
worship	idolâtrer	syn : *idolize*

3 Moduler son propos : les adverbes de degré

extremely	extrêmement	syn : *utterly*
very	très	
rather	plutôt	
quite	assez	
not	pas	
not very	pas très	
not at all	pas du tout	*not funny at all* pas drôle du tout

Les adverbes de degré se placent avant l'adjectif qu'ils modifient.

Testez-vous !

Cochez la bonne réponse.

1. Quel est le synonyme de *admire* ?
[a] look up to [b] despise [c] care for

2. Quelle est la traduction de *loathe* ?
[a] adorer [b] haïr au plus haut point
[c] mépriser

3. Quelle est la traduction de *commonplace* ?
[a] place commune [b] lieu commun
[c] ordinaire

4. Quelle est la traduction de utterly ?
[a] joli(e) [b] extrêmement
[c] apprécier

5. Quel est le synonyme de *contemptible* ?
[a] despicable [b] ordinary [c] ugly

→ Réponses p. 227

2 Argumenter, organiser son propos

1 Accords et désaccords

agree	être d'accord	*I agree with Ted.*
agreement	un accord	
be right	avoir raison	
be mistaken	être dans l'erreur / se tromper	
be wrong	avoir tort	
concur	être d'accord	*concur with :* être d'accord avec
contradict	contredire	
disagree	ne pas être d'accord	*I disagree with Liz.*
disagreement	désaccord	
oppose	s'opposer à	
question	remettre en question	syn : *put to the question*

Attention au calque avec le français : *agree, concur* et *disagree* fonctionnent sans le verbe « être ».

2 Donner son avis, argumenter

as far as I'm concerned	en ce qui me concerne	
be convinced	être convaincu	
be convincing	être convaincant	
be unconvinced	ne pas être convaincu	
convince	convaincre	
demonstrate	démontrer	aussi manifester
demonstration	une démonstration	aussi une manifestation
for my part	pour ma part	
in my opinion	à mon avis	syn : *to my mind*
think	penser	
thought	une pensée	
prove	prouver	
point	argument	
go to the point	aller à l'essentiel	
interesting point	argument intéressant	
make one's point	démontrer/argumenter	
partially	en partie	
relevant	pertinent	opp : *irrelevant* hors-sujet
thinking	pensée	
Good thinking!	Bonne idée !	
chain of thoughts	enchaînement d'idées	

3 Organiser son propos

Lien logique	Expressions	Traduction
Similarité	*similarly*	de même
Renforcement	*indeed*	en effet
Ajout	*in addition / moreover*	de plus
Exemple	*for example / for instance*	par exemple
Résumé	*briefly* *in a nutshell* *in short* *to sum up*	brièvement en un mot en résumé pour résumer
Reformulation	*in other words* *to put it differently*	en d'autres mots pour dire les choses autrement
Cause	*because* *because of* *for*	parce que à cause de car
Conséquence	*as a consequence* *consequently* *that's why* *so/therefore*	en conséquence par conséquent c'est pourquoi donc
Contraste	*however* *on the one hand…, on the other hand…* *nevertheless* *yet*	cependant/toutefois d'un côté…, d'un autre côté… néanmoins pourtant
Opposition	*although/though* *on the contrary* *unlike* *whereas*	bien que au contraire contrairement à alors que

Testez-vous !

Trouvez l'intrus.

1.
[a] however [b] unlike
[c] nevertheless

2.
[a] in my opinion [b] in other words
[c] for my part

3.
[a] convince [b] agree [c] concur

4.
[a] that's why [b] because
[c] therefore

→ Réponses p. 227

Se montrer clair et convaincant

LES RÉFLEXES À AVOIR

- Le premier objectif à garder en tête lors d'une présentation argumentative, qu'elle soit écrite ou orale, est la clarté. Veillez donc à structurer votre propos afin de le rendre aussi facile à suivre que possible.
- Commencez par introduire clairement votre propos, par exemple en reformulant le sujet pour vous l'approprier et montrer que vous l'avez compris.
- Utilisez des connecteurs logiques dès que possible. Les mots tels que *on the contrary, indeed, however, similarly,* etc., aident votre lecteur/interlocuteur à suivre la progression et l'organisation logique de votre propos.
- Lorsque vous rapportez des événements, indiquez clairement la chronologie à l'aide d'adverbes tels que *first* (premièrement), *then* (alors, ensuite) ou *eventually/ finally* (finalement).
- À l'oral, n'ayez pas peur de prendre quelques secondes pour réfléchir à la phrase que vous allez formuler. Sachez toujours comment vous allez terminer une phrase avant de la commencer.

LES PIÈGES À ÉVITER

- Évitez les phrases trop longues : elles augmentent les risques d'erreurs et risquent de rendre votre propos difficile à suivre. Vous risquez également de vous perdre dans vos idées.

LES ASTUCES DU PROF

- Pensez à utiliser des citations : elles montrent votre culture et donnent de la crédibilité à votre propos en le justifiant ou en le prouvant. Elles permettent également de rendre votre présentation plus vivante.
- Si du vocabulaire vous manque, ne restez pas bloqués, essayez plutôt d'expliquer ce que vous souhaitez dire, avec une périphrase ou en donnant une définition par exemple.
- Dans vos présentations écrites, essayez de respecter le principe : une idée = un paragraphe.
- Pensez à varier vos connecteurs logiques. Par exemple, *but* peut-être remplacé par *however* ou *nevertheless,* et *moreover* ou *in addition* remplacent parfaitement *and.*

EXEMPLE

Présenter une analyse de texte

Speak, by Laurie Halse Anderson, is a book about the trials and tribulations of high school life. The main character, Melinda, has a particularly hard time fitting in because of an incident [. . .]. Her old friends will not speak to her and no other "clans," [. . .] will accept her. [. . .] The thesis of Speak *seems to be that life in general is unfairly segregated and unkind to outsiders [. . .].*

[In high schools] there are clans on top of clans [. . .] and the school is powerless to break them up. Even if there was a ban on cliquish behavior it would not stop people from falling into groups that keep the unwanted out. Schools want to be places of learning, [. . .] but they are incapable of keeping cliques out and they are often clueless about how to help those left on the outside. [. . .]Although the school system did not mean to be a torment to Melinda, it completely "lacked the capacity to help."

Speak, de Laurie Halse Anderson, est un livre sur les déboires et tribulations de la vie de lycéen. [. . .] Le personnage principal, Melinda, a des difficultés à s'intégrer à cause d'un incident [. . .]. Ses anciens amis ne lui parlent plus et aucun autre « clan » [. . .] ne l'accepte. [...] La thèse de *Speak* est que la vie en général est partagée injustement et de manière néfaste envers ceux qui sont différents.

[Dans les lycées,] il y a des clans et encore des clans [. . .] et l'école est impuissante à les éliminer. Même si un règlement interdisait les comportements de clans, il ne pourrait pas empêcher les élèves de former des groupes et de laisser des gens de côté. Les écoles veulent être des lieux d'instruction [. . .] mais elles sont incapables de se libérer des clans et n'ont souvent aucune idée de comment venir en aide aux laissés pour compte. [. . .] Alors que le système scolaire n'avait pas pour but de tourmenter Melinda, il était « totalement incapable de l'aider. »

- *The thesis of* Speak *seems to be that . . .*

Cette formule permet d'introduire clairement ce que vous allez essayer de montrer.

- *because of, Even if, but, and, Although*

Les connecteurs logiques rendent le propos clair et facile à suivre. *Because of* indique la cause. *But* indique que deux éléments sont contraires ; à l'inverse, *and* associe deux propos. *Even if* (même si) insiste ici sur l'inutilité d'une mesure (un règlement anti-clan). Enfin, *although* construit une totale opposition entre deux éléments.

- *"lacked the capacity to help"*

Le rédacteur de cette présentation cite le livre *Speak* pour étayer son propos. Il commence par dénoncer l'impuissance de l'école face aux clans et utilise la citation pour prouver que c'est bien ce que dit le livre et que son analyse est bonne.

Vérification des connaissances

1 Trouvez la traduction des mots et expressions suivants parmi les solutions proposées.

1. être passionné de

a. have a crush on **b.** be keen on **c.** be mistaken **d.** be partial to

2. avoir un penchant pour

a. have a soft spot for **b.** have a crush on **c.** be partial to **d.** care for

3. Néanmoins

a. nervertheless **b.** therefore **c.** however **d.** indeed

Exercices d'entraînement

2 Classez les adverbes de degré suivants du plus haut au plus bas.

not very – rather – extremely – not – quite – very - not at all – utterly

3 Organisez ce paragraphe à l'aide de liens logiques.

… fossil energy, solar or wind energies don't endanger the planet. … they are renewable and they pollute less. They create wastes, … they are less dangerous than the nuclear wastes.

4 Traduisez le paragraphe suivant.

À cause de la crise économique, de nombreux citoyens américains ont tout perdu, c'est pourquoi le rêve américain est remis en cause aujourd'hui. En d'autres termes, les gens sont de plus en plus méfiants et déprimés.

Sujet de BAC

Mythes et héros – Lieux et formes du pouvoirs – Sujet inédit

Doc. 1 **The Negro Mother**

Children, I come back today
To tell you a story of the long dark way
That I had to climb, that I had to know
In order that the race might live and grow.
Look at my face–dark as the night–
Yet shining like the sun with love's true light.

I am the child they stole from the sand
Three hundred years ago in Africa's land.
I am the dark girl who crossed the wide sea
Carrying in my body the seed of the free.
I am the woman who worked in the field
Bringing the cotton and the corn to yield.
I am the one who labored as a slave,
Beaten and mistreated for the work that I gave–
Children sold away from me, husband sold, too.
No safety, no love, no respect was I due.
Three hundred years in the deepest South:
But God put a song and a prayer in my mouth.
God put a dream like steel in my soul.
Now, through my children, I'm reaching the goal.
Now, through my children, young and free,
I realize the blessings denied to me.
I couldn't read then. I couldn't write.
I had nothing, back there in the night.
Sometimes, the valley was filled with tears,
But I kept trudging on through the lonely years.
Sometimes, the road was hot with the sun,
But I had to keep on till my work was done:
I *had* to keep on! No stopping for me–
I was the seed of the coming Free.
I nourished the dream that nothing could smother
Deep in my breast - the Negro mother.
I had only hope then, but now through you,
Dark ones of today, my dreams must come true:
All you dark children in the world out there,
Remember my sweat, my pain, my despair.
Remember my years, heavy with sorrow-
And make of those years a torch for tomorrow,
Make of my past a road to the light
Out of the darkness, the ignorance, the night,
Lift high my banner out of the dust.
Stand like free men supporting my trust.
Believe in the right, let none push you back
Remember the whip and the slaver's track.
Remember how the strong in struggle and strife

Still bar you the way, and deny you life–
But march ever forward, breaking down bars.
Look ever upward to the sun and the stars.
Oh, my dark children may my dreams and my prayers
Impel you forever up the great stairs–
For I will be with you till no white brother
Dares keep down the children of the Negro mother.

From *Selected Poems* of Langston Hughes, 1959

Doc. 2 **Still I Rise**

You may write me down in history
With your bitter twisted lies
You may trod me in the very dirt
But still, like dust I rise.
Does my sassiness upset you?
Why are you beset with gloom?
'Cause I walk like I've got oil wells
Pumping in my living-room.
Just like moons and like suns
With the certainty of tides
Just like hopes springing high
Still I rise
Did you want to see me broken?
Bowed head and lowered eyes?
Shoulders falling down like teardrops
Weakened by my soulful cries.
Does my haughtiness offend you?
Don't you take it awful hard
'Cause I laugh like I've got gold mines
Diggin' in my own back yard.
You may shoot me with your words,
You may cut me with your eyes,
You may kill me with your hatefulness,
But still, like air, I'll rise.
Does my sexiness upset you?
Does it come as a surprise
That I dance like I've got diamonds
At the meeting of my thighs.
Out of the huts of history's shame

I rise
Up from a past that's rooted in pain
I rise
I'm a black ocean, leaping and wide,
Welling and swelling I bear in the tide.
Leaving behind nights of terror and fear
I rise
Into a daybreak that's wondrously clear
I rise
Bringing the gifts that my ancestors gave, I am the dream and the hope of the slave
I rise
I rise
I rise.

"And Still I Rise", by Maya Angelou, 1978

Doc. 3 **A longing for learning**

The story takes place in the early 1850's in the south of the United States. The narrator Hannah is a young house slave.

My master never permitted his slaves to be taught. Education in his view tended to enlarge and expand their ideas, made them less submissive. [...] Practically he regarded slaves not as men and women, but in the same way as horses or other domestic animals. Of course I had nothing to expect from him, yet "where there's a will there's a way."[...] My dream was destined to be realized. [...] One day an aged woman approached me.

She smiled and inquired why I concealed my book and with childlike spontaneity I told her all. How earnestly I desired knowledge, how our master forbade it and how I was trying to teach myself. [...] "Child," she said. "Come to me each day. I will teach you to read in the hope that you will be made better in this world and that to come."

Abridged from *The Bondwoman's Narrative*, by Hannah Crafts (1855-1859)

COMPRÉHENSION DE L'ÉCRIT

1 Identify the nature of these three documents and the topic they deal with.

2 Which historical event is referred to in the first 2 documents and in the first paragraph of document 3? In what country did those events take place? Justify in your own words *(60 words).*

3 Doc. 1 and 2. **For each poem, explain who the speaker is or embodies, and who the addressee is.**

4 Doc.1. a. **How does the speaker explain why she resisted mistreatments in spite of her sufferings? Explain in your own words and quote the text** *(60 words)*.

b. **Among the following adjectives choose four that best apply to the speaker. Justify by quoting from the poem.**

resentful – resilient – careless – determined – weak – proud – cowardly - supportive

c. What advice does the speaker give her audience? What for?

5 Doc.2. a. **The speaker's leitmotiv is "Still I rise". In that context what does she mean?** *(40 words)*

b. **What specific devices are used by the speaker to sound convincing? Give at least two elements.**

c. **In what way do the tone and the style of this text differ from those in the first text?**

6 Doc. 3. **What was Hannah's dream? Quote a line which shows that she was self-confident.**

7 Doc.3. **To what extent can we say that these three texts are full of optimism?**

EXPRESSION ÉCRITE

Les candidats en LV2 *traiteront uniquement* ***le sujet 1*** *(250 mots).*

Les candidats en LV1 *traiteront obligatoirement* ***le sujet 1*** *(150 mots)* ***et le sujet 2*** *(150 mots).*

1 **To what extent do you think it is important to fulfil one's dreams in spite of obstacles that might "bar the way"? Illustrate with examples.**

2 **Choose a cause you want to defend in front of your classmates. Write a speech you will deliver in class in order to convince them to defend this cause with you.**

Testez-vous !

p. 217

1. a **2. b** **3. c** **4. b** **5. a**

p. 219

1. b. *unlike* exprime le contraire, pas le contraste.

2. b. *in other words* sert à reformuler, pas à donner son opinion.

3. a. *convince* signifie « convaincre », pas « être d'accord ».

4. b. *because* indique la cause, pas la conséquence.

Vérification des connaissances

1 **1. b** **2. c** **3. a**

> **Piège à éviter**
> 2. *be partial to* ne concerne pas les personnes.

Exercices d'entraînement

2 *extremely/utterly – very – rather – quite – not – not very – not at all*

3 **Unlike** fossil energy, solar or wind energies don't endanger the planet. **For instance / Indeed** they are renewable and they pollute less. They create wastes, **however** they are less dangerous than the nuclear wastes.

> **Astuce du prof**
> Utilisez les liens logiques dès que vous le pouvez : ils rendent votre propos plus facile à suivre.

4 Because of the economic crisis, many American citizens have lost everything, that's why the American dream is put to the question/questioned today. In other words, people are more defiant and depressed.

Sujet de BAC

COMPRÉHENSION DE L'ÉCRIT

1 The first two texts are poems and the third text is a first-person narrative. All the texts refer to African-Americans who struggled on their way to freedom.

2 Reference is made to slavery in the United States of America which was abolished at the end of the Civil War in 1865.

> **Piège à éviter**
> Ne donnez la date exacte que si vous êtes certain de ne pas vous tromper.

In both poems the speakers recall the slaves' harsh sufferings, their grief and tears, while they were undergoing appalling ill-treatment on the cotton plantations. The third text tells us the actual story of a young slave deprived of any rights, let alone the right to educate herself.

3 In the first poem, the speaker is the Negro Mother who went through slavery. She sounds like the voice of all the African-American people; her being the mother makes her more protective as she addresses her so-called "children", who are the African-American people.
In the second poem, the speaker is a black woman who addresses her white oppressors, those who were the masters in time of slavery. In spite of her use of the pronoun "I" we understand she speaks for her people.

4 **a.** Even though she went through an ordeal she explains from the onset the reason why she overcame her plight. "In order that the race might live and grow" (v. 4). She means she somehow sacrificed herself for the good of her future children. Moreover, she sounds comforted by the belief that God rescued her and her people since her prayers were heard. Her children were freed and they made *her* dream come true. She kept hoping.
b. 1) She is **resilient:** "I kept trudging on through the lonely years." (l. 26).
2) She is **determined:** "But I had to keep on till my work was done: / I had to keep on!"(l. 28-29).
3) She is **proud:** "Lift high my banner out of the dust!"(l. 41).
4) She is **supportive:** "For I will be with you till no white brother / Dares keep down the children of the Negro Mother." (l. 51-52).
c. The Negro Mother advises her "children" never to forget the past in order to keep struggling for freedom. She thinks they ought to continue the work their spiritual Mother started through pain and tears. She urges them to go on in order to put an end to segregation which prevailed in the U.S.A. when the poem was written. They have a goal to achieve and should never give up.

5 **a.** Here the speaker means that however hard her oppressors tried to disparage her people, she stands up to them.
"Still" is ambivalent: it may mean "however", in spite of 1
standing; but it also entails a calm and cold determination to succeed in her struggle for justice.

> **Vocabulaire**
> *To disparage = to belittle, to depreciate.*

b. The speaker uses imagery. For instance: "'Cause I walk like I've got oil wells Pumping in my living-room" (l. 7-8). Therefore it makes her statements clear. She also repeats "Still I rise". As a result, it enhances her strong determination to reach her goal. The poem is anaphoric with the repetition of "but", which implies nothing will prevent the speaker from following her march towards freedom. The repetition of questions means that she has an answer to all the obstacles on her way. Eventually she compares herself to a natural element which human beings can hardly control: "I'm a black ocean, leaping and wide" (l. 33).
c. The style differs because the addressee is different and the text sounds more modern. Moreover, Maya Angelou uses imagery that is full of humour. She is more abrupt and straightforward. Her attack is brisk. It is as though the Negro Mother had acquired more self-confidence, enough to address her oppressors bluntly.

6 Hannah's dream was to be able to read and write. The narrator uses a proverb that shows how determined she was: "Where there's a will there's a way" (l. 5).

7 Infallible hope pervades the three texts. The three women strongly believe in life and it seems that no one or nothing could thwart their plans. Their endless trust in a fruitful battle for freedom gives them the power to overcome obstacles. Their strength is physical, moral and spiritual. There is no call for revenge and the idea is rather not to yield but to keep going forward chin up: "Look ever upward to the sun and the stars" ("The Negro Mother", l. 48).

EXPRESSION ÉCRITE

Les mots et expressions en gras peuvent s'avérer particulièrement utiles pour ce type de sujets

1 "Hold fast to dreams
For if dreams die
Life is a broken-winged bird
That cannot fly"
In this poem entitled "Dreams", Langston Hughes, the poet, advised us never to give up trying to **fulfil** our dreams. Why did he say so and how important to me is it to **make one's dreams come true?**

Dreaming is natural for the human being as a pursuit of pleasure. Whatever increases our power makes us happy. **No wonder** we feel like **achiev**ing our goals! I believe that if I manage to make my dreams come true, I will also feel more **self-confident** in leading my life properly. This is why I really want to **succeed in** my studies as I want to become a **curator,** in le Louvre for example.

L'astuce du prof

Les points d'exclamation donnent parfois de la vie à vos écrits !

However, I wonder if I will be able to acquire enough knowledge to pass the difficult competitive exams and I don't want to regret my **stubbornness!** So I ought to be **sensible!** We should **cling** to our dreams provided they are not beyond reach!

2 Dear honourable classmates!

You wonder why I have decided to come and speak to you today. Well, if I were you, I would listen carefully!

Let me tell you about a situation which I find intolerable! In our high school we seniors have nowhere to go whenever we want to relax or to **chill out** after a 3-hour examination. As you know, all work and no play makes Jack a dull boy! We **deserve** a place of our own to debate about our everyday matters. Study hall with the **juniors** is unbearable. Take the library! We're not allowed to utter a single word! You might offer to meet in the yard but it's pretty chilly in the winter! I suggest we ask the Headmaster for a room only open to seniors. What about asking for a settee, a few armchairs, a **vending machine** with chocolate bars and coffee or hot chocolate?

Gagnez des points !

Ne vous lancez pas dans des causes sur lesquelles vous n'avez que peu de connaissances précises. Les causes les plus faciles à défendre sont parfois à portée de main.

This **lounge** could become our meeting-room when we want to discuss our guidance on courses and exchange career information, or when we need to talk about politics, or to deal with emergency issues.

Moreover, we could decorate the room with our own works of art. I know some of you are **budding artists** and we are just totally **unaware** of your talent since there is no place for you to hang your paintings or drawings! I feel the need for a real change today!

I believe in your support, my dear Classmates. Trust me! We will manage to convince our Head as we thoroughly believe in our fair cause! Where there's a will there's a way!

Annexes

Verbes irréguliers

Les verbes suivis de * ont aussi une forme régulière.

was / were born : naître.

infinitif	preterit	participe passé	traduction
be	*was / were*	*been*	être
bear	*bore*	*borne*	supporter
beat	*beat*	*beaten*	battre
become	*became*	*become*	devenir
begin	*began*	*begun*	commencer
bend	*bent*	*bent*	se courber
bet	*bet*	*bet*	parier
bite	*bit*	*bitten*	mordre
bleed	*bled*	*bled*	saigner
blow	*blew*	*blown*	souffler
break	*broke*	*broken*	casser
breed	*bred*	*bred*	élever
bring	*brought*	*brought*	apporter
build	*built*	*built*	construire
burn	*burnt*	*burnt*	brûler
burst	*burst*	*burst*	éclater
buy	*bought*	*bought*	acheter
cast	*cast*	*cast*	lancer
catch	*caught*	*caught*	attraper
choose	*chose*	*chosen*	choisir
come	*came*	*come*	venir
cost	*cost*	*cost*	coûter
cut	*cut*	*cut*	couper
deal	*dealt*	*dealt*	distribuer, négocier, s'occuper de
dig	*dug*	*dug*	creuser
do	*did*	*done*	faire
draw	*drew*	*drawn*	tirer [un trait]
*dream**	*dreamt*	*dreamt*	rêver

infinitif	**preterit**	**participe passé**	**traduction**
drink	*drank*	*drunk*	boire
drive	*drove*	*driven*	conduire
eat	*ate*	*eaten*	manger
fall	*fell*	*fallen*	tomber
feed	*fed*	*fed*	nourrir
feel	*felt*	*felt*	sentir, se sentir
fight	*fought*	*fought*	lutter, combattre
find	*found*	*found*	trouver
flee	*fled*	*fled*	fuir
fly	*flew*	*flown*	voler [en avion]
forbid	*forbade*	*forbidden*	interdire
forget	*forgot*	*forgotten*	oublier
freeze	*froze*	*frozen*	geler
get	*got*	*got*	obtenir, se procurer
give	*gave*	*given*	donner
go	*went*	*gone*	aller
grow	*grew*	*grown*	pousser, croître
hang	*hung*	*hung*	accrocher, suspendre
have	*had*	*had*	avoir
hear	*heard*	*heard*	entendre
hide	*hid*	*hidden*	cacher
hit	*hit*	*hit*	frapper, atteindre
hold	*held*	*held*	tenir, occuper
hurt	*hurt*	*hurt*	blesser, faire mal
keep	*kept*	*kept*	garder, conserver
kneel	*knelt*	*knelt*	s'agenouiller
know	*knew*	*known*	savoir, connaître
lay	*laid*	*laid*	coucher, placer
lead	*led*	*led*	mener, diriger
*lean**	*leant*	*leant*	s'appuyer
*learn**	*learnt*	*learnt*	apprendre
leave	*left*	*left*	quitter, partir

infinitif	preterit	participe passé	traduction
lend	*lent*	*lent*	prêter
let	*let*	*let*	permettre, laisser
lie	*lay*	*lain*	être couché, situé
lose	*lost*	*lost*	perdre
make	*made*	*made*	fabriquer, faire
mean	*meant*	*meant*	vouloir dire, signifier
meet	*met*	*met*	rencontrer
pay	*paid*	*paid*	payer
put	*put*	*put*	mettre, placer
quit	*quit*	*quit*	quitter
read	*read*	*read*	lire
ride	*rode*	*ridden*	aller à cheval, à vélo
ring	*rang*	*rung*	sonner, téléphoner à
rise	*rose*	*risen*	se lever, s'élever
run	*ran*	*run*	courir
say	*said*	*said*	dire, déclarer
see	*saw*	*seen*	voir
seek	*sought*	*sought*	chercher
sell	*sold*	*sold*	vendre
send	*sent*	*sent*	envoyer
set	*set*	*set*	placer, fixer
shake	*shook*	*shaken*	secouer
shine	*shone*	*shone*	briller
shoot	*shot*	*shot*	lancer, tirer
show	*showed*	*shown*	montrer
shut	*shut*	*shut*	fermer
sing	*sang*	*sung*	chanter
sink	*sank*	*sunk*	couler, sombrer
sit	*sat*	*sat*	s'asseoir, rester assis
sleep	*slept*	*slept*	dormir
slide	*slid*	*slid*	glisser
*smell**	*smelt*	*smelt*	sentir

infinitif	preterit	participe passé	traduction
speak	*spoke*	*spoken*	parler
*spell**	*spelt / spelled*	*spelt / spelled*	épeler
spend	*spent*	*spent*	dépenser, passer [temps]
spill	*spilt*	*spilt*	répandre
spit	*spat*	*spat*	cracher
split	*split*	*split*	fendre
spoil	*spoilt*	*spoilt*	gâter, gâcher
spread	*spread*	*spread*	étendre
stand	*stood*	*stood*	se tenir debout
steal	*stole*	*stolen*	voler, dérober
stick	*stuck*	*stuck*	coller
strike	*struck*	*struck*	frapper
string	*strung*	*strung*	enfiler
swear	*swore*	*sworn*	jurer
sweep	*swept*	*swept*	balayer
swim	*swam*	*swum*	nager
take	*took*	*taken*	prendre
teach	*taught*	*taught*	enseigner
tear	*tore*	*torn*	déchirer
tell	*told*	*told*	dire, raconter
think	*thought*	*thought*	penser, réfléchir
throw	*threw*	*thrown*	jeter, lancer
undergo	*underwent*	*undergone*	subir
understand	*understood*	*understood*	comprendre
undertake	*undertook*	*undertaken*	entreprendre
wake	*woke*	*woken*	se réveiller
wear	*wore*	*worn*	porter [vêtements]
weep	*wept*	*wept*	pleurer
win	*won*	*won*	gagner
write	*wrote*	*written*	écrire

Faux amis

Attention certains faux amis suivis d'une astérisque * ne le sont que dans certains contextes.

mot anglais	traduction	faux ami en français	traduction
achieve	réussir	achever	*finish*
application	candidature	appliquer	*apply*
bribe	pot de vin	bribe	*bit*
*change**	monnaie	changer	*change*
coin	pièce de monnaie	coin	*corner*
comprehensive	exhaustif, complet	compréhensif	*understanding*
confidence	confiance	confidence	*secret*
deceive	tromper	decevoir	*disappoint*
demand	exiger , la demande	demander	*ask*
figure	chiffre	figure	*face*
injure	blesser	injurier	*insult*
lecture	conférence	lecture	*reading*
mercy	miséricorde, pitié	merci	*thank you*
notice	remarquer	notice	*instructions, manual*
petrol	essence	pétrole	*oil*
physician	docteur	physicien	*physicist*
pretend	faire semblant	prétendre	*claim*
prevent	empêcher	prévenir	*warn*
quit	arrêter de fumer, démissionner	quitter	*leave*
recover	récupérer	recouvrir	*cover*
store	magasin	stores	*blinds*
sympathetic	compatissant	sympathique	*nice*
touchy	susceptible	touché	*touched*
villain	méchant (ennemi du héros)	vilain	*naughty, nasty*

Index

A

B, C

D, E, F

G, H

I

L, M

Annexes

oral :
- sommaire ?

MIXTE
Papier issu de sources responsables
FSC® C022030
FSC www.fsc.org

N° éditeur : 10238724
Compo Méca Publishing – août 2017
Imprimé en France
par Loire offset Titoulet